10가지 과일로 만드는
사계절 과일 요리 레시피 140

봄의
딸기 판자넬라,
겨울의
레몬 파스타

Scales 지음
한정림 옮김

서문

과일만큼 계절이 잘 드러나는 식재료는 달리 찾아보기 힘듭니다.
계절이 바뀔 때면 항상 떠나보내기 아쉬운 마음과
새로운 계절을 만날 생각에 두근거리는 마음이 혼재합니다.
그렇게 돌고 도는 계절 속에서 해마다 과일의 품종도 늘어나고
맛도 나날이 다양해집니다.
정성을 다해 기른 과일은 그대로 먹어도 훌륭하지만
약간의 손길을 더하면 깜짝 놀랄 '과일 한 접시'가 됩니다.

요리에 가장 많이 사용하는 과일은 레몬이 아닐까 싶습니다.
산미가 강해 껍질을 잘 활용하면 천연 식초, 조미료로 쓸 수 있고
재료의 변색도 막아주며 항균 작용도 하죠.
때로는 산뜻한 향미를 더해주기도 합니다.
이미 우리는 요리에 과일을 훌륭하게 활용하고 있습니다.
풍미 가득한 과일은 여러 효능뿐만 아니라
단맛이나 감칠맛, 쓴맛 등 다양한 개성을 갖고 있습니다.
사랑스러운 모양과 향기도 각양각색이죠.

복숭아, 체리, 멜론, 무화과, 포도, 배, 감, 감귤류, 딸기, 그리고 밤.
사랑스러운 과일의 신비로운 매력을 더 알아주셨으면 합니다.
그런 마음을 담아 계절별로 비교적 쉽게 구할 수 있는 과일을 골라
'과일 그 자체를 요리로써 맛있게 먹는 방법',
'요리를 맛있게 만들어주는 조미료로 사용하는 방법'
이렇게 두 가지 관점에서 과일의 개성을 살리며
요리해온 레시피를 이 책에 정리했습니다.

작은 아이디어를 더해 더욱 맛있게, 더욱 즐겁게.
식탁에 펼쳐지는 과일처럼 다채롭고 새로운 풍경을 살펴주시길 바랍니다.

세상이 건네준 수많은 은총,
이를 품어낸 자연과 다양한 색채로 가득찬 계절.
모든 식재료와 생산자에게 무한한 감사와 경의를 표합니다.
그리고 이 한 권의 책이 세상에 나올 수 있도록
협력해주신 모든 분들께 감사드립니다.

— Scales

목차

3 멜론

4 무화과

5 포도

6 배

7 감

8 감귤류: (오렌지, 레몬, 유자, 금귤)

9 딸기

10 밤

1

복숭아

장미 향이 감도는 복숭아와 부라타 치즈

재료(2인분)

복숭아 1개
부라타 치즈 1개
로즈 비니거(p.189 참조) 2큰술
-> 또는 화이트와인 비니거 1큰술
+ 로즈 에센스나 로즈 워터 1큰술
유기농 로즈버드(장식용, 있을 경우) 적당량

1. 복숭아는 껍질을 벗겨 빗 모양으로 썬 다음, 볼에 담아 로즈 비니거를 뿌려 잠시 둔다.

2. 그릇에 1과 부라타 치즈를 담고 로즈버드를 뿌린다. 복숭아와 치즈를 함께 먹는다.

memo

- 잘 익은 복숭아 껍질을 벗길 때는 과즙도 남김 없이 쓸 수 있도록 볼이나 사각 트레이에 흐르는 과즙을 받아주세요.
- 부라타 치즈는 주머니 모양의 모짜렐라 치즈를 잘랐을 때 안에서 걸쭉한 크림이 흘러나오는 이탈리아 프레시 치즈입니다.
- 유기농 로즈버드는 허브티에 쓰이는 것을 사용합니다.

복숭아와 장미의 풍미가 로맨틱한 한 접시. 로즈 비니거의 산미가 마무리 역할을 해줍니다. 복숭아와 부라타 치즈에서 나온 크림을 함께 먹습니다.

입안에 넣는 순간 감도는 홍차 향과
터져 나오는 복숭아 과즙. 많은 사람
들이 두루 좋아할 레시피입니다.

복숭아 얼그레이 마리네이드

재료(만들기 쉬운 분량)

복숭아 1개
얼그레이 1작은술
비정제 설탕 1작은술
 -> 잘 익은 달콤한 복숭아라면 넣지 않아도 된다
마스카포네 치즈 적당량

memo

- 얼그레이는 반드시 바로 개봉한 신선한 것을 사용합니다. 개봉한 지 오래된 홍차는 향이 날아가 풍미가 살지 않습니다.
- 복숭아는 작게 썰수록 홍차 가루와의 접촉면이 많아져 보다 맛있습니다.

a

1. 얼그레이 홍차잎을 미니 절구로 곱게 갈아준다(사진 a).

2. 복숭아 껍질을 벗기고 빗 모양으로 썰어 볼에 담은 후 설탕을 뿌린다.

3. 복숭아에서 수분이 나오면 1을 뿌려 재운다.

4. 접시에 담고 마스카포네 치즈를 곁들인다.

복숭아의 달콤한 향과 트러플에서
느껴지는 숲의 향기. 이 둘을 이어주
는 것은 양송이버섯입니다.

트러플 풍미의 복숭아와 양송이버섯 샐러드

재료(2인분)

복숭아 2개

양송이버섯 3~4개

헤이즐넛 4~5개

트러플(잘게 썬 것) 적당량

-> 또는 트러플 오일에 절인 잘게 썬 트러플 적당량

트러플 오일 적당량

소금(또는 트러플 소금) 조금

통후추 조금

좋아하는 허브(딜, 다른 것도 괜찮음) 적당량

1. 복숭아는 껍질을 벗겨 먹기 좋은 크기로 썬다. 양
송이버섯은 얇게 편 썰기하고 헤이즐넛은 잘게 부숴
준다.

2. 1을 볼에 넣고 트러플을 넣는다. 트러플 오일과
소금을 뿌리고 통후추를 갈아준다.

3. 그릇에 담고 좋아하는 허브로 장식한다.

술과도 잘 어울리는 복숭아 피클. 화이트와인이 잘 어울립니다.

황도 스파이스 피클

재료(2인분)

황도 2개
바닐라 빈(세로로 칼집을 넣은 것) 4cm
-> 바닐라 빈 페이스트(사진 a) 1작은술로 대체 가능
사과식초 $1/2$컵
물 $1/4$컵
꿀 3큰술
비정제 설탕 1큰술
통후추 10알
월계수잎 1장
시나몬 스틱 1개

a

1. 복숭아는 껍질을 벗겨 빗 모양으로 썬다.

2. 복숭아를 뺀 나머지 재료를 전부 냄비에 넣고 끓인다. 한소끔 끓으면 불을 끄고 1을 넣는다.

3. 그대로 둔 후, 식으면 뚜껑 있는 용기에 담아 냉장실에 넣는다.

memo

• 하룻밤 지나고 먹습니다. 보존 기간은 냉장 보관 기준으로 3일 정도입니다.

• 바닐라 빈 페이스트를 바닐라 빈 대용으로 추천합니다. 사용하고 싶은 양만큼 쓸 수 있고 에센스보다 바닐라 빈에 더 가까운 풍미가 납니다. 왼편에 보이는 제품은 유기 재배 바닐라를 사용한 '테일러 & 칼리지(Taylor & Colledge)'의 '오가닉 바닐라 빈 페이스트'입니다(사진 a).

여름이 되면 만들게 되는 디저트 같
은 레시피입니다. 메이플 시럽이 맛
을 결정짓게 되니 꼭 넣어주세요.

생강 풍미의 복숭아 두부 샐러드

재료(2인분)

복숭아 ½개
연두부 1개(300g)
시로다시 1작은술
메이플 시럽 1작은술
참깨 페이스트 1작은술
생강 15g
소금 조금

밑준비

◦ 연두부를 깨끗한 천이나 키친타월로 싼다. 천 또는
  키친타월을 여러 번 갈아주며 하룻밤 동안 물기를 뺀다.
  -> 이렇게 하면 연두부 무게가 100g 전후가 된다.

1. 물기를 뺀 두부는 체로 세 번 거른다. 복숭아는
껍질을 벗겨 한입 크기로 썰고 생강은 간다.

2. 볼에 복숭아를 뺀 나머지 재료를 넣고 잘 섞는다.
복숭아를 넣고 부드럽게 무친다. 맛을 보고 입맛에 맞
게 소금을 조금 넣어 간을 맞춘다.

memo

• 두부 물기를 완전히 뺍니다. 체로 세 번 거르면 두부라
  고 생각할 수 없을 정도로 크림 같은 식감이 됩니다.
• 과일로 만드는 두부 샐러드는 보관해두고 먹으면 안 됩
  니다. 복숭아는 먹기 직전에 넣어 무칩니다.

한입 베어 물면 터져 나오는 복숭아 과즙. 사워크림을 넣어 맛이 산뜻합니다.

복숭아와 시나몬 포테이토 샐러드

재료(만들기 쉬운 분량)

복숭아(껍질을 벗겨 한입 크기로 썬 것) 1개
적양파(또는 양파, 잘게 썬 것) 1/8개
감자 3개(300g)
딜(잎을 다진 것) 적당량
호두(잘게 부순 것) 4개 분량
식초 2작은술

A ┃ 사워크림 1큰술
  ┃ 마요네즈 1작은술
  ┃ 비정제 설탕 조금
  ┃ 소금, 후추 조금
  ┃ 시나몬 파우더 1/2작은술

소금 조금
통후추(취향에 따라) 조금

1. 적양파는 잘게 썰어 사각 트레이나 접시에 펼쳐 놓고 30분 정도 둔다.

2. 냄비에 감자를 넣고 잘박하게 물을 부은 후, 소금을 조금 넣고 삶는다. 젓가락으로 감자를 찔렀을 때 쑥 들어가면 불을 끈다. 감자를 식히고 껍질을 벗긴다.

3. 삶은 감자의 절반 분량을 으깬다. 나머지 반은 작게 한입 크기로 썬다. 볼에 담아 식초를 넣고 섞는다.

4. 3에 A와 1을 넣고 잘 섞어준다.

5. 복숭아, 딜, 호두 순서로 넣는다. 이때 가볍게 저어 섞어준다. 그릇에 담고 취향에 따라 통후추를 갈아준다.

산뜻한 레몬크림 스파게티에 복숭아
의 단맛이 포인트가 됩니다. 파마산
치즈는 듬뿍 넣어주세요.

복숭아 레몬크림 스파게티

재료(2인분)

복숭아 1개
화이트와인 비니거 조금
레몬(무농약) 1개
스파게티 160g
생크림 200ml
화이트와인 1큰술
파마산 치즈(가루) 1/2컵
소금 적당량
통후추 조금
레몬 오일(p.189 참조. 또는 올리브오일) 적당량

1. 레몬은 슬라이스 2~3쪽을 만들고 나머지는 즙을 짠다. 레몬 껍질은 갈아놓는다.

2. 복숭아는 껍질을 벗겨 한입 크기로 썰고 화이트와인 비니거를 뿌려 섞어둔다.

3. 스파게티는 소금을 넣고 알맞게 삶는다.

4. 프라이팬에 슬라이스 레몬과 레몬즙, 생크림을 넣고 중불에서 끓인다. 화이트와인, 파마산 치즈를 두 번에 걸쳐 넣는다. 치즈가 녹으면 소금으로 간한다.

5. 2를 넣고 전체적으로 잘 섞어준 다음 불을 끈다. 스파게티 면을 넣고 잘 섞는다.

6. 그릇에 담고 통후추를 갈아준다. 레몬 껍질 간 것과 레몬 오일을 뿌려준다.

memo

• 레몬을 가로로 반 자른 다음 잘린 단면을 기준으로 필요한 만큼 얇게 슬라이스합니다. 남은 양끝 2조각으로 즙을 짜고 껍질을 갈아주면 남김 없이 쓸 수 있습니다.

양고기와 잘 어울리는 말랑말랑한 복숭아 커틀릿. 꼭 뜨거울 때 드셔보세요.

구운 양갈비와 복숭아 커틀릿

재료(2인분)

복숭아 1개
양갈비 6개
소금, 후추 조금
시나몬, 클로브, 카다멈, 쿠민(전부 파우더) 적당량
-> 전부 섞은 걸로 1작은술
밀가루 적당량
계란물(계란 1개 분량)
빵가루(고운 것) 적당량
암염 조금
튀김유 적당량
좋아하는 허브 적당량

1. 양갈비는 굽기 30분 전에 냉장실에서 꺼내둔다. 양갈비에 소금을 뿌리고 통후추를 갈아준다. 섞어놓은 향신료를 뿌려 10분 정도 재워둔다.

2. 프라이팬에 **1**을 넣고 중강불로 양면을 알맞게 굽는다.
-> 여분의 기름은 키친타월로 닦아낸다.
불을 끈 다음 쿠킹호일로 고기를 싸고 7~8분간 둔다.

3. 복숭아는 껍질을 벗기고 한입 크기로 썬다. 가볍게 키친타월로 물기를 닦아준다. 밀가루를 얇게 묻힌 후 계란물, 빵가루 순서로 튀김옷을 입힌다. 170℃의 튀김유에서 엷은 갈색이 될 때까지 튀긴다.

4. 그릇에 **2**를 담고 암염을 뿌리고 **3**을 올려준다. 좋아하는 허브를 곁들인다.

memo
- 빵가루는 입자가 고운 쪽이 잘 어울립니다. 입자가 굵은 빵가루는 푸드 프로세서로 갈아서 쓰세요.

터키식 춘권인 '시가라 뵈렉(Sigara böreği)'스타일로, 뜨거울 때 꿀을 듬뿍 찍어 먹습니다. 튀겨낸 춘권피 안의 복숭아는 폭신폭신 녹아내리는 느낌이에요. 화이트치즈는 샤브루나 브리야사바랭, 모짜렐라 치즈 등을 추천합니다.

꿀을 곁들인 복숭아 화이트치즈 시가라 뵈렉

재료(10개 분량)

복숭아 2개
춘권피 10장
화이트치즈(모짜렐라 치즈 등) 적당량
밀가루 1큰술
-> 1큰술에 1/2큰술 물을 넣어 밀가루 풀을 만든다
튀김유 적당량
꿀 적당량

1. 복숭아는 껍질을 벗겨 2등분하고 1.5cm 두께로 길쭉하게 썬다.

2. 춘권피에 **1**, 화이트치즈를 넣고(사진 a) 싼다. 끝에 밀가루 풀을 묻혀 봉한다. 이렇게 10개를 만든다.

3. 170℃의 튀김유에 엷은 갈색이 될 때까지 튀긴다.

4. 그릇에 담고 꿀을 곁들여 낸다.

memo

• 춘권피로 잘 싸고 끝을 잘 봉해야 튀길 때 치즈가 흘러 나오지 않습니다.

a

겉은 바삭하고 안은 촉촉한 여름 과
일 프리터. 디저트로도 좋고, 술과도
잘 어울립니다.

복숭아와 모짜렐라 치즈, 무화과의 여름 과일 프리터

재료(만들기 쉬운 분량)

복숭아, 무화과 각 2개씩
모짜렐라 치즈 1개
맥주(또는 탄산수) 100ml
밀가루 70g
녹말가루 30g
카다멈 파우더(취향에 따라) 적당량

memo

• 복숭아와 모짜렐라 치즈는 대나
무꼬치에 꽂으면 쉽게 튀길 수
있습니다. 꼬치에 꽂을 때는 치
즈를 먼저 꽂습니다. 냄비 바닥
에 복숭아가 닿지 않도록 꼬치
끝에서 1~2cm를 남기고 꽂아줍
니다.

a

1. 밀가루, 녹말가루를 가볍게 섞고 맥주를 부어 뭉
침이 없을 때까지 거품기로 잘 저어준다.

2. 복숭아는 껍질을 벗기고 한입 크기로 썬다. 모짜
렐라 치즈도 복숭아와 같은 크기로 썰어준다. 무화과
는 껍질채 사용한다.

3. 복숭아와 치즈, 무화과에 밀가루를 골고루 묻혀
준다. 치즈와 복숭아는 꼬치에 꽂고(사진 a), 무화과는
겉에 **1**을 입힌다. 튀김옷이 많이 묻었을 경우엔 털어
준다.

4. 170℃의 튀김유에 튀김옷이 바삭해질 때까지 튀
긴다.

5. 복숭아와 치즈는 꼬치를 빼고 그릇에 담는다. 취
향에 따라 카다멈을 뿌린다.

장미 향을 머금은 로맨틱한 수프입
니다. 차갑게 해서 드세요.

장미 향 복숭아 냉수프

재료(1인분)

복숭아(큰 것) 1개
-> 작은 복숭아는 2개
레몬즙 2작은술
로즈 비니거(p.189 참조) 2큰술
-> 또는 화이트와인 비니거 1큰술 + 로즈 에센스 또는 로즈 워터 1큰술
우유 50ml
레몬 오일(p.189 참조, 있을 경우) 적당량
유기농 로즈버드(있을 경우) 1개

1. 복숭아는 솜털을 살살 벗겨낼 수 있도록 흐르는 물에 씻는다. 껍질채로 굵은 강판에 갈아준다. 레몬즙을 넣고 섞는다.

2. 로즈 비니거, 우유 순서로 넣고 잘 섞은 다음 냉장실에 20분 동안 차게 둔다.

3. 그릇에 담은 후, 레몬 오일이 있으면 뿌려주고 로즈버드를 살짝 띄운다.

memo

· 복숭아는 대단히 섬세합니다. 블렌더 등으로 섬유질을 파괴하면 맛이 밍밍해지기 때문에 굵은 강판으로 재빨리 갈아줍니다.(p.190 도구❶ 참조)
· 로즈버드는 유기농 허브티용을 사용합니다.

장미와 스파이스 향이 감도는 콩포트. 끓인 물은 버리지 말고 탄산수나 사케에 섞어주면 맛있는 드링크가 됩니다.

장미와 카다멈을 넣은 복숭아 콩포트

재료(만들기 쉬운 분량)

복숭아 4개
카다멈 4~5알
-> 칼집을 내서 넣는다
유기농 로즈버드 1큰술
레몬즙 1큰술
화이트와인 1컵
물 2컵
설탕 80g

memo

• 복숭아는 껍질을 벗기지 않고 삶아야 연분홍색을 띠고 향도 좋아집니다.

• 로즈버드는 유기농 허브티용을 사용합니다.

1. 복숭아는 솜털을 살살 벗겨낼 수 있도록 흐르는 물에 씻는다. 껍질채 절반 크기로 자르고 씨는 숟가락을 이용해 빼낸다.

2. 냄비에 복숭아를 제외한 나머지 재료를 넣고 끓인다. 한소끔 끓으면 불을 줄이고 1을 넣는다. 잘박해지기 전에 화이트와인을 적당량 넣는다.

3. 키친타월(부직포 타입) 등으로 냄비를 덮은 후 약불에서 10분 정도 끓인다. 도중에 복숭아 껍질이 자연히 벗겨지는데 그대로 둔다. 불을 끄고 그대로 식힌 다음 껍질을 건져낸다.

4. 뚜껑 있는 용기에 옮겨 담고 냉장실에 넣어 하룻밤 재운다.

새콤달콤한 자두에 달콤한 복숭아
소스를 듬뿍 뿌려서 드셔보세요.

복숭아 메이플 소스를 얹은 자두구이

재료(2인분)

복숭아 ¹/₂개
자두 2개
메이플 시럽 3큰술
올리브오일 조금

밑준비

∘ 오븐은 120℃로 예열한다.
∘ 복숭아 솜털은 살살 벗겨낼 수 있도록 흐르는 물에
  씻는다. 껍질 채 절반 크기로 자른다.

1. 자두는 껍질채 반으로 자르고 자른 단면에 올리
브오일을 살짝 발라준다. 내열용기에 담아 예열한 오
븐에서 60분 정도 굽는다.

2. 준비한 복숭아 ¹/₂개를 굵은 강판에 갈고 메이플
시럽을 넣어 섞어준다.

3. 1을 그릇에 담고, 2의 소스를 뿌려 먹는다.

memo

• 복숭아는 대단히 섬세합니다. 블렌더 등으로 섬유질을
  파괴하면 맛이 밍밍해지기 때문에 굵은 강판으로 재빨
  리 갈아줍니다.(p.190 도구❶ 참조)

황도의 단맛과 라벤더 향이 입안에서 퍼지는 아이스크림. 복숭아 과육의 형태를 잘 살리는 게 포인트입니다.

황도 라벤더 아이스크림

재료(만들기 쉬운 분량)

황도 2개
비정제 설탕 80g
유기농 건조 라벤더 $\frac{1}{2}$작은술
레몬즙 2큰술
계란 노른자 3개
우유 250ml

밑준비

○ 황도는 껍질을 벗겨 깍둑썰기한다. 깍둑썰기할 때 나오는
  과즙과 황도를 함께 냄비에 넣는다. 설탕과 라벤더를
  듬뿍 뿌려준 뒤 가볍게 저어준 후 1시간 정도 재운다.

1. 준비한 황도에 레몬즙을 넣고 중약불로 타지 않
도록 저으며 졸인다. 걸쭉해지고 양이 60% 정도로 졸
았을 때 불을 끈다.
-> 과육의 형태가 조금 남아 있는 정도가 좋습니다.

2. 볼에 계란 노른자를 넣고 거품기로 젓는다.

3. 냄비에 우유를 붓고 약불로 끓어오르지 않도록
주의하며 데운다. 부글부글 끓어오르면 불을 끄고 거
품기로 저으면서 **2**를 조금씩 넣어준다.

4. **3**을 체에 거르고, 다시 냄비에 넣고 약불로 가열
한다. 계란이 굳지 않도록 저으면서 **1**을 넣어 섞어주
고 불을 끈다. 조리용 트레이에 붓고 식힌다.

5. 랩으로 싼 후 냉동실에 넣는다. 처음 1시간은 20분
마다, 그 다음엔 굳을 때까지 30분마다 거품기로 저
어준다. 공기가 들어가 매끈해지도록 골고루 저어준
다. 굳기 시작하면 1시간 정도 냉동실에 넣어둔다.

memo

• 황도가 없다면 일반 복숭아도 좋습니다.
• 건조 라벤더는 유기농 허브티용을 씁니다.
• 라벤더 잎이 느껴지는 게 싫다면 칼로 잘게 다져주거나
  갈아서 넣어주세요.

깊은 풍미의 어른을 위한 크림소다. 장미 향이 멋집니다.

취향에 따라 라즈베리 소스나 딸기잼, 바닐라 아이스크림 등을 넣어도 좋아요.

복숭아와 장미로 만든
크림소다

재료(2인분)
복숭아 1개
-> 조리하기 30분 전에 냉장실에 넣어둔다
로즈 비니거(p.189 참조) 2큰술
-> 또는 화이트와인 비니거 1¹/₂큰술 + 로즈 에센스나 로즈 워터 1¹/₂큰술
얼음 적당량(유리컵 ¹/₃ 정도)
탄산수(강탄산, 차게) 적당량
바닐라 아이스크림 적당량

1. 복숭아는 솜털을 살살 벗겨낼 수 있도록 흐르는 물에 씻는다. 껍질채 굵은 강판(p.190 도구❶ 참조)에 갈아 볼에 담고 로즈 비니거를 뿌린다.

2. 1을 반씩 글라스에 각각 따르고 얼음과 탄산수를 넣어 가볍게 저어준다.

3. 아이스크림을 스쿱으로 퍼서 위에 올린다.

복숭아와 장미로 만든
마시는 소르베

재료(2인분)
복숭아 2개
로즈 비니거(p.189 참조) 3큰술
-> 또는 화이트와인 비니거 1¹/₂큰술 + 로즈 에센스나 로즈 워터 1¹/₂큰술
로즈잼(있다면) 2작은술
꿀 2작은술
얼음(너무 크지 않은 얼음) 유리잔 2개 분량

1. 복숭아는 솜털을 살살 벗겨낼 수 있도록 흐르는 물에 씻는다. 껍질채 한입 크기로 썬다.

2. 모든 재료를 믹서에 넣고 간다. 글라스에 따른다.

2

체리

체리 스파이스 소스를 얹은
돼지갈비구이

재료(2인분)

아메리칸 체리 20개
돼지갈비 6~8쪽
올리브오일 조금
소금, 통후추 적당량
클로브 파우더 1작은술

A | 꿀 1큰술
  | 레드와인 비니거 1큰술
  | 간장 1작은술

밑준비

∘ 돼지고기는 조리하기 30분 전에 실온에 꺼내둔다.
∘ 체리는 반으로 잘라 씨를 제거한다.

1. A를 잘 섞어준다.

2. 돼지고기에는 소금을 넉넉하게 뿌리고 통후추를
갈아준다. 프라이팬에 올리브오일을 두르고 가열한
다. 돼지고기를 팬에 올리고 모든 면이 노릇하게 구워
질 때까지 중강불로 굽는다. 구운 고기를 꺼내 알루미
늄 호일에 싼다.

3. 키친타월로 프라이팬의 기름을 70% 정도 닦아낸
다. 1을 넣고 중불로 가열한다. 프라이팬 주위가 지글
지글 끓으면 체리를 넣고 1~2분 정도 잘 저으며 졸인
다.

4. 3에 돼지고기, 클로브를 넣고 잘 섞이도록 버무려
주고 바싹 졸인다.

순식간에 지나가버리는 체리의 계절
에 꼭 드셔보세요. 제가 아주 좋아하
는 깊은 맛의 한 접시입니다.

색이 진하게 나오기 때문에 체리와 비트는 마지막에 넣고 2~3회 가볍게 섞어주세요. 너무 많이 섞지 않도록 주의합니다.

체리와 비트로 만든 레드크림 샐러드

재료(만들기 쉬운 분량)

비트(줄기를 자르고 반으로 자른 것) 중 1개

A | 아메리칸 체리(반으로 잘라 씨를 뺀 것) 10개
| 호두(잘게 부순 것) 6알

크림치즈 150g

수제 빈꼬또(p.102 참조) 2큰술

-> 또는 메이플 시럽 2작은술 + 발사믹 1¹/₂큰술

B | 적양파(또는 양파, 잘게 썬 것) 1/4개
| 클로브 파우더 조금
| 레드와인 비니거 1큰술

소금, 통후추 적당량

밑준비

∘ 비트는 알루미늄 호일에 싸서 170℃로 예열한 오븐에서 약 1시간 15분 정도 굽는다. 대나무꼬치로 찔러봤을 때 쑥 들어갈 정도로 굽는다. 껍질을 벗기고 깍둑썰기를 한 후 열을 식힌다.

-> 뜨거우니까 데지 않도록 주의한다.

-> 비트에서 즙이 많이 나오기 때문에 새지 않도록 알루미늄 호일을 위쪽에서 오므려 오븐에 넣는다.

1. 볼에 크림치즈, 빈꼬또를 넣고 페이스트 상태가 될 때까지 실리콘 주걱으로 잘 섞어준다.

2. 1에 **B**를 순서대로 넣는다. 넣을 때마다 잘 섞어준다. 소금을 뿌리고 통후추를 갈아 넣어 간을 맞춘다. 준비해놓은 비트와 **A**를 넣고 2~3회 가볍게 섞어준다.

부드럽게 찐 양배추에서 단맛이 나
와 체리의 산미를 산뜻하게 감싸줍
니다. 차게 해서 먹어도 맛있어요.

스파이스 오일 체리 적양배추찜

재료(2인분)

아메리칸 체리 10개
적양배추 1/2개
올리브오일 3큰술
월계수잎 1장
시나몬 스틱 1개
수제 반건조 건포도(P.96 참조, 또는 시판 건포도) 적당량
-> 시판 건포도의 경우에는 뜨거운 물에 살짝 데친 후 사용
레드와인 1큰술
시나몬, 클로브(모두 파우더) 조금
소금, 통후추 조금

1. 적양배추는 채 썬다. 체리는 반으로 자르고 씨를
뺀다.

2. 냄비에 올리브오일을 넣고 가열한다. 월계수잎과
시나몬 스틱을 볶아서 향을 낸다. 적양배추, 체리, 반
건조 건포도를 넣고 중약불에서 잘 섞으며 볶는다.

3. 양배추가 부드러워지면 레드와인을 한 바퀴 둘러
넣고 뚜껑을 덮은 다음 약불에서 5~6분 조린다.

4. 뚜껑을 열고 시나몬, 클로브를 넣고 맛이 잘 배도
록 저어준다. 소금을 뿌리고, 통후추를 갈아 넣어 간
을 맞춘다.

memo

• 시나몬 스틱은 향을 입힐 때, 시나몬 파우더는 풍미를
더할 때 사용합니다.

체리 보석밥

재료(2~3인분)

아메리칸 체리 10개

재스민 쌀 1/2컵(75g)

시나몬 스틱 1개

카다멈 3알

-> 껍질에 칼집을 넣는다

오렌지 껍질(가능하면 무농약으로) 1개 분량

오렌지 과즙 3큰술

사프란 조금

당근(채 썬 것) 1개

아몬드 슬라이스 1큰술

양파(잘게 썬 것) 1큰술

A | 쿠민(씨앗) 1작은술
  | 고수(씨앗, 잘게 다진 것) 1작은술
  | 카다멈, 시나몬(모두 파우더) 조금
  | 수제 반건조 건포도(p.96 참조, 있을 경우) 1큰술

피스타치오(무염, 껍질 벗겨 굵게 부순 것) 1큰술

버터 2작은술

소금, 통후추 적당량

B | 석류(있을 경우), 로즈페탈, 블루멜로우,
  | 메리골드 적당량
  | -> 석류 외에는 허브티용 말린 것을 사용한다

밑준비

◦ 재스민 쌀은 가볍게 씻어 소쿠리에 받쳐 30분 정도 둔다.

◦ 사프란은 오렌지 과즙에 담가 색을 낸다.

◦ 오렌지 껍질은 흰 부분을 제거하고 뜨거운 물에 1분 정도 데친다. 열기가 식으면 채 썬다.

1. 체리는 껍질을 제거한 후 세로로 4등분한다.

2. 큰 프라이팬을 달군 후 버터 1작은술을 넣는다. 준비한 오렌지 껍질, 당근, 아몬드를 넣고 볶는다. 당근이 익으면 볶은 것들을 따로 꺼내둔다.

3. 큰 냄비에 물을 가득 붓고 끓인다. 재스민 쌀, 시나몬 스틱, 카다멈을 넣고 6~8분간 데친 후 소쿠리에 건져 물기를 뺀다.

4. 2의 프라이팬을 중불로 가열하고 버터 1작은술을 넣는다. 양파, A를 넣고 향이 날 때까지 볶는다. 3을 넣어 잘 섞어주고 소금을 뿌리고, 통후추를 갈아 간한다.

5. 팬에 평평하게 깔고 2를 골고루 뿌려준다.

6. 사프란을 우린 오렌지 과즙을 5의 2~3곳에 뿌린다.

7. 뚜껑을 덮고 약불로 1~2분 찐 후 살짝 섞은 뒤에 그릇에 담는다. 체리, 피스타치오, B를 조금씩 올려 장식한다.

memo

• 재스민 쌀은 태국의 향미(香米) 품종의 하나입니다. 대형 마트나 인터넷에서 구입할 수 있습니다.

제가 좋아하는 책 중에 《석류 수프 (Pomegranate Soup)》라는 소설이 있습니다. 아름다운 세 자매가 고향인 페르시아로부터 멀리 떨어진 곳에서 음식점을 경영하는 이야기인데요, 이야기를 수놓는 것은 이국적이고 관능적인 향이 감도는 페르시아 요리들이었어요. 이란 요리를 이미지로 삼아 소설로 완성한 것이라고 합니다. 보석을 아로새긴 듯 로맨틱하고 스파이시한 한 접시입니다.

아메리칸 체리 피클

재료(만들기 쉬운 분량)

아메리칸 체리 500g
레드와인 200ml
레드와인 비니거 300ml
비정제 설탕 50g
소금 1작은술
월계수잎 1장
시나몬 스틱 1개
클로브 6개
머스터드(씨앗, 있을 경우) 1작은술
통후추 2작은술

밑준비

◦ 보존용 유리병, 사용할 집게 등은 열탕 소독한다.

1. 체리는 씨앗을 빼지 않고 그대로 씻은 후 키친타
월로 물기를 닦아준다.

2. 큰 스테인리스 냄비나 법랑 냄비에 체리를 뺀 나
머지 재료를 넣고 한소끔 끓인 후 불을 끄고 체리를
넣는다. 1분 정도 둔 후 보존 용기에 담고 바로 뚜껑을
덮어 그대로 둔다.

3. 식으면 냉장실에 넣는다. 4일 정도 지나면 먹을
수 있다.

memo

• 공기를 완전히 빼고 밀폐하면 냉장실에서 반년 정도 보
관 가능합니다. 개봉 후에는 일주일 이내에 먹는 게 좋
습니다.

벌써 만들게 된지 6년째인 레시피입
니다. 초여름에 나오는 아메리칸 체
리를 발견하면 잔뜩 사서 피클을 담
급니다. 고기 요리에 잘 어울리는 체
리 피클은 만들어 두면 매우 귀중한
보물이 되죠. 순식간에 지나가는 초
여름이지만, 겨울에도 남반구나 미
국에서 수확한 체리가 적은 양이나
마 공급됩니다.

arrange

체리 피클 소스로 만드는 크림소다(1인분)

아메리칸 체리 피클 국물 30ml에 아가베 시럽 2작은술을 넣고 섞어
유리잔에 따른다. 얼음을 잔의 80% 선까지 넣고 탄산수 적당량을
조심히 붓는다. 바닐라 아이스크림 적당량을 얹고 민트로 장식한 후,
잘 섞어 마신다.

아메리칸 체리 피클과
돼지고기 아그로돌체

재료(2~3인분)

돼지고기 등심(또는 삼겹살) 덩어리 500g
아메리칸 체리 피클(p.38 참조, 또는 아메리칸 체리) 15개
밀가루 조금
소금, 통후추 적당량
올리브오일 적당량
꿀 2큰술

A | 아메리칸 체리 피클 국물 30ml
　 | 레드와인 2큰술
　 | 발사믹 1¹/₂큰술
　 | 비정제 설탕 3큰술

　 | -> 아메리칸 체리 피클 국물이 없을 경우 위 A를
　 | 다음의 재료로 대체해 만든다

B | 발사믹 50ml
　 | 레드와인 2큰술
　 | 레드와인 비니거 1¹/₂큰술
　 | 비정제 설탕 3큰술
　 | 클로브, 시나몬(모두 파우더) 1/₂작은술

이탈리아에서는 새콤달콤하게 조린
것을 '아그로돌체'라고 합니다. 체리
와 돼지고기, 꿀은 궁합이 좋아요.
체리 피클을 사용한 음식은 깔끔하
면서도 깊은 맛이 납니다.

1. 돼지고기는 먹기 좋은 크기로 잘라 소금을 뿌리
고 통후추를 갈아준 후 밀가루를 살짝 입힌다.

2. 프라이팬에 올리브오일을 두르고 표면이 노릇하
게 구워지도록 중불에서 돼지고기를 굽는다.
-> 굽는 도중에 나오는 기름은 키친타월로 닦아낸다.

3. 아메리칸 체리 피클, A를 잘 섞어서 2에 넣고 보
글보글 끓으면 불을 줄이고 7~8분 정도 조린다.

4. 꿀을 넣고 잘 섞은 다음 다시 한소끔 끓인다. 간
을 봐서 싱거우면 소금을 조금 넣어 간을 맞춘다.

체리의 산미에 양파의 단맛이 어우러진, 고기 요리와 잘 어울리는 이탈리안 잼입니다. 간 콩피와 함께 크로스티니로 만들어 봤어요. 레드와인에 정말 잘 어울리는 안주입니다.

체리와 적양파로 만든
이탈리안 잼과 간 콩피 크로스티니

재료(만들기 쉬운 분량)

◎ 이탈리안 잼
아메리칸 체리 80g
적양파 1개
버터 조금
비정제 설탕 30g
소금, 통후추 조금

A | 레드와인 80ml
　 | 발사믹 2큰술
　 | 빈꼬또(p.102 참조, 있을 경우) 1큰술

시나몬, 클로브(모두 파우더) 조금
꿀 2작은술

간 콩피(p.111 만드는 법 참조, 깍둑썰기한다) 적당량
블루치즈(크게 찢은 것) 적당량
드미 바게트 1개
-> 또는 반으로 자른 일반 바게트
마늘(반으로 자른 것) 적당량
올리브오일 적당량
핑크페퍼(취향에 따라), 통후추 적당량

1. 이탈리안 잼을 만든다. 체리는 씨를 빼고 반으로 자른다. 적양파는 얇게 썬다. A를 모두 섞는다.

2. 냄비에 버터와 적양파를 넣고 중불로 볶다가 설탕, 소금, 통후추를 갈아 넣고 흐물흐물해질 때까지 볶는다. 체리와 A를 넣고 중약불에서 저어가며 졸인다. 윤기가 나기 시작하면 시나몬, 클로브, 꿀을 넣고 약불에서 졸이다가 불을 끄고 그대로 식힌다.

3. 바게트는 길게 반으로 자르고 마늘을 문질러 바른다. 그 위에 올리브오일을 살짝 바르고 토스터에서 갈색이 나도록 구워준다. 구운 바게트 위에 간 콩피와 적당량의 2를 올리고 블루치즈를 뿌린다. 취향에 따라 핑크페퍼와 통후추를 갈아 뿌린다.

memo

• 이탈리안 잼은 고기 요리에도 잘 어울립니다. 북유럽풍 미트볼, 매시트포테이토와 함께 즐겨도 좋습니다(사진 a). 냉장실에서 약 1주일 정도 보관할 수 있습니다.

a

원래는 포도로 만드는 이탈리안 빵이에요. 아메리칸 체리로 만들어도 맛있습니다.

체리 스키아차타

재료(완성된 크기 약 20 X 15cm)

아메리칸 체리 250g
강력분 140g
중력분 100g
비정제 설탕 30g
소금 1/2작은술

A | 드라이이스트 1작은술
 | 비정제 설탕 1작은술
 | 미지근한 물 120ml

올리브오일 적당량
호두(굵게 다진 것) 2큰술
그래뉴당 적당량

밑준비

○ 체리는 씨를 빼내고 4등분한다.
○ A의 미지근한 물을 그릇에 붓고 드라이이스트와 설탕을 넣어 녹인다.
○ 오븐은 230℃로 예열한다.

1. 볼에 강력분과 중력분, 설탕, 소금을 넣고 섞는다. 가운데를 움푹하게 파고 준비한 **A**를 붓는다.

2. 가장자리 가루를 무너뜨리면서 **A**와 밀가루를 조금씩 섞는다. 밀가루가 수분을 흡수하면 올리브오일 1큰술을 넣고 섞은 다음 도마나 실리콘 매트에 놓고 체중을 실어 5~6분 정도 손바닥으로 눌러가며 반죽한다. 가끔 반죽을 도마에 내리치면서 올리브오일을 골고루 발라준다.

3. 표면이 부드러워지면 둥글게 만들고 손에 올리브오일을 약간 바른 뒤 이음새 부분이 아래로 가게 해서 볼에 담는다. 깨끗한 젖은 행주를 덮어 5분 정도 휴지시킨다.

4. 생지를 4대6으로 나누고 각각을 얇게 펴서 오븐 시트를 깐 오븐 팬에 올리고 따뜻한 곳에서 45분~1시간 동안 발효시킨다.
-> 또는 오븐의 발효 모드로 30분간 발효시킨다.

5. 4의 생지를 오븐 팬에서 꺼내 주먹으로 눌러가며 가스를 뺀다. 각각 직사각형으로 성형하고 밀대를 써서 똑같은 두께로 밀어준다.
-> 생지가 많은 쪽이 한층 더 커진다.

6. 오븐 시트를 깐 오븐 팬에 크기가 큰 생지를 놓고 가장자리 네 곳에서 각각 1cm 안쪽부터 준비한 체리의 절반 분량을 깔아준다. 그 위에 그래뉴당 1큰술을 뿌린다.

7. 손가락에 물을 묻혀 생지 가장자리 네 곳에 발라준 다음 크기가 작은 쪽 생지로 덮어준다. 아래쪽 생지로 위쪽 생지를 감싸듯이 손끝으로 확실하게 여며준다.

8. 생지 위에 솔을 이용해 올리브오일을 살짝 바르고 남은 체리를 올려준다. 호두를 올리고 그래뉴당 1큰술을 전체적으로 뿌린다.
-> 생지 바깥으로 넘친 그래뉴당은 타지 않도록 닦아준다.

9. 나이프로 표면에 5~6곳 정도 구멍을 뚫고 예열한 오븐에서 25~30분간 굽는다.

꿀맛의 머랭 크림에 차갑게 얼린 체리가 들어 있는 여름 간식입니다. 누가틴을 칼로 부술 때 나는 소리가 경쾌해요.

체리와 피스타치오 누가 글라세

재료(10.5 X 8 X 높이 6cm의 파운드 틀 1개 분량)

아메리칸 체리 15개
피스타치오(껍질을 까서 잘게 부순 것) 30g
생크림 100ml
키르슈(체리 증류주) 2큰술
계란 흰자 1개 분량
꿀 60g

◎누가틴
아몬드 2큰술
그래뉴당 20g
물 1큰술

밑준비

∘ 생크림은 거품기로 3분 정도 거품을 내고 키르슈를 넣어 80% 정도의 거품을 낸 후 냉장실에서 식힌다.
∘ 누가틴에 넣는 아몬드는 170℃ 오븐에서 15분간 굽는다.

1. 체리는 씨를 빼낸다.

2. 누가틴을 만든다. 냄비에 그래뉴당과 물을 넣고 강불로 냄비를 흔들면서 설탕을 녹인다. 끓어오르면 중약불로 줄이고 아몬드를 넣는다. 카라멜 색깔이 날 때까지 타지 않게 주의하면서 끓인 후 오븐 시트 위에 평평하게 펼쳐 식힌다.

3. 2를 오븐 시트째 도마 위에 올려놓고 칼로 부순다.
-> 아몬드 크기는 원래의 ⅓ 정도로 너무 잘지 않게 부순다.

4. 이탈리안 머랭을 만든다. 계란 흰자를 핸드블렌더를 이용해 40% 정도로 휘핑한다. 냄비에 꿀을 넣고 타지 않도록 주의하면서 120℃가 될 때까지 가열한 다음 불을 끈다. 계란 흰자에 데운 꿀을 조금씩 넣으면서 고운 머랭이 될 때까지 거품을 낸다.
-> 꿀을 가열할 때는 끓어오른 다음 15초 후에 불에서 내리면 된다.

5. 4에 생크림, 3, 1을 넣고 실리콘 주걱으로 볼 바닥에서부터 뒤집듯이 섞어준다.

6. 5를 오븐 시트를 깐 틀에 따르고 주걱으로 평평하게 펴준다. 피스타치오를 골고루 뿌린다. 겉면에 랩을 씌우고 냉동실에서 하룻밤 이상 얼린다.

memo

• 자를 때는 뜨거운 물에 담근 칼로 자르면 깨끗하게 잘립니다. 자르고 나서 바로 칼을 닦아주는 게 좋아요.
• 체리 씨는 젓가락이나 체리스토너(p.190 도구 ❹ 참조)를 사용하면 잘 빠집니다.

설탕이 많이 들어가지 않아요. 다크
초콜릿 안에 새콤달콤한 체리가 들
어 있어요. 단맛이 적기 때문에 술과
잘 어울립니다.

체리 소콜라 테린

재료(15 X 7 X 높이 약 6cm의 파운드 틀 1개 분량)

아메리칸 체리 15개
초콜릿(카카오 함량 65%) 80g
버터 50g
계란 1개
키르슈(또는 브랜디) 3큰술
비정제 설탕 1¹/₂큰술
생크림 50ml
밀가루 40g
아몬드 가루 60g
베이킹파우더 ⅓작은술

밑준비

◦ 오븐은 200℃로 예열한다.
◦ 계란은 실온 상태로 둔다.
◦ 초콜릿은 잘게 부순다.
◦ 밀가루와 아몬드 가루, 베이킹파우더는 섞어서 체 친다.

1. 체리는 씨를 뺀다.

2. 큰 냄비에 물을 끓이고 볼에 초콜릿과 버터를 넣어 실리콘 주걱으로 저으면서 중탕한다.

3. 다른 볼에 계란을 넣고 키르슈, 설탕을 넣어 거품기로 설탕이 녹을 때까지 잘 저으며 섞어준다. 2에 여러 번에 나눠서 넣고 잘 섞어준다.

4. 3에 준비한 밀가루와 아몬드 가루, 베이킹파우더, 생크림을 넣고 잘 섞는다. 1을 넣고 볼 바닥에서 실리콘 주걱으로 뒤집듯이 저으며 섞어준다. 오븐 시트를 깐 틀에 넣고 젖은 행주를 깐 도마 위에 여러 차례 쳐서 공기를 뺀다.
-> 이 때 물을 끓인다.

5. 요리용 사각 트레이에 뜨거운 물을 1cm 깊이로 붓고 4의 틀을 중앙에 놓는다. 예열한 오븐에서 10분 굽는다. 다음에는 180℃로 온도를 낮춰서 20분, 또 150℃로 낮춰서 7분 굽는다.

6. 오븐에서 꺼내 식히고, 틀에 랩을 씌워 냉장실에 하룻밤 둔다.

memo

• 체리 씨는 젓가락이나 체리스토너(p.190 도구 ❹ 참조)를 사용하면 잘 빠집니다.

뜨거울 때 먹어도 식었을 때 먹어도 맛있습니다. 냉동 보존이 가능한 크럼블은 많이 만들어두는 것을 추천합니다.

체리 스파이스 크럼블

재료(18 X 13 X 높이 3.5cm 내열용기 1개 분량)

아메리칸 체리 400g
버터 1큰술
비정제 설탕 30g

A 레드와인 1큰술
   레드와인 비니거 2작은술
   클로브, 시나몬, 카다멈(모두 파우더) 각 1/2작은술

◎ 크럼블
버터(1.5cm 크기로 깍둑썬 것) 80g
아몬드 가루 100g
밀가루 100g
소금 한 꼬집
비정제 설탕 70g

밑준비

◦ 크럼블을 만들 때 쓸 버터는 냉장실에 넣어둔다. 버터 외의 나머지 재료는 잘 섞어서 쓰기 직전까지 냉동실에 넣어둔다.
◦ 오븐은 170℃로 예열한다.

1. 체리는 반으로 잘라 씨를 빼낸다.

2. 크럼블을 만든다. 아몬드 가루와 밀가루에 버터를 넣는다. 손끝으로 버터를 으깨며 아몬드가루, 밀가루와 잘 섞어 입자가 큰 소보로 상태로 만들어준다. 위생백에 담아 냉동실에 넣는다.
-> 버터와 손가락이 직접 닿지 않도록 손끝에 밀가루를 묻히고 섞어준다. 손으로 쥐어가며 크럼블을 만든다.

3. 프라이팬에 버터, 설탕을 넣고 중불에서 녹인다. 설탕이 녹으면 1을 넣고 A를 넣어 4~5분 동안 저으면서 졸인다. 불을 끄고 식힌다.

4. 3을 내열용기에 펼치듯 담고, 냉동실에서 크럼블을 꺼내 골고루 펴준다. 예열한 오븐에서 35~45분 굽는다.

memo

• 같은 방법으로 체리와 같은 양의 딸기나 복숭아로도 맛있게 만들 수 있습니다. 다만 향신료는 딸기의 경우 바닐라 빈 4cm(껍질 깐 것), 복숭아 경우 카다멈 파우더 1작은술을 사용하세요.

3
멜론

레몬 비네그레트 소스를 곁들인 멜론 망고 브리 치즈 샐러드

재료(2인분)

멜론 1/2개
-> 너무 익지 않은 초록색 과육 또는 붉은색 과육
망고 1/2개
브리 치즈 60g
레몬(슬라이스) 1~2장
레몬 오일(p.189 참조 또는 시판용) 1큰술
레몬즙 1 1/2큰술
소금, 통후추 적당량
민트(있을 경우) 적당량

1. 멜론은 씨를 제거하고 껍질을 벗긴다. 망고도 껍질을 벗긴다. 멜론, 망고, 브리 치즈는 8mm 두께로 모양을 통일해 썰고 레몬은 은행잎 모양으로 썬다.

2. 레몬 비네그레트 소스를 만든다. 볼에 레몬 오일과 레몬즙을 넣어 소금을 뿌리고 통후추를 갈아 넣어 잘 섞는다.

3. 그릇에 멜론과 망고를 담고 위에 치즈를 얹고 2를 뿌린다. 입맛에 맞게 통후추를 살짝 갈아주고 민트로 장식한다.

달콤한 과일 샐러드를 새콤한 레몬 비네그레트 소스와 함께. 망고 대신 파인애플로도 맛있게 만들 수 있습니다.

마르살라 와인으로 마리네이드하는 방식은 이탈리아에서 배운 생햄과 멜론을 먹는 방법인데 개인적으로 변형해보았습니다. 술과도 잘 어울립니다.

마르살라 풍미의 생햄과 멜론

재료(만들기 쉬운 분량)

멜론 ¹/₂개
-> 너무 익지 않은 초록색 과육 또는 붉은색 과육
메이플 시럽 1큰술
화이트 발사믹 2큰술
-> 또는 화이트와인 비니거 1큰술 + 메이플 시럽 1큰술
마르살라 와인 2큰술
생햄 적당량
통후추(취향에 따라) 조금

1. 멜론은 씨를 제거하고 껍질을 벗긴다. 먹기 좋은 크기로 빗 모양으로 썰어 볼에 넣는다.

2. 작은 그릇에 메이플 시럽, 화이트 발사믹, 마르살라 와인을 넣고 잘 섞은 후 1에 뿌린다. 볼을 흔들어 잘 섞어준 다음 랩을 씌워 5분 정도 둔다.

3. 2를 그릇에 담고 생햄을 덮어주듯 올린다. 취향에 따라 통후추를 갈아준다.

memo

• 화이트 발사믹은 수입 식료품점이나 인터넷에서 구입할 수 있습니다.
• 마르살라 와인은 이탈리아 시칠리아 지역에서 생산되는 주정강화 와인입니다.

판체타는 이탈리아의 생베이컨입니다. 적당한 짠맛과 감칠맛이 멜론과 썩 잘 어울려요. 허브로 산뜻함도 더 해주세요.

멜론 판체타와 허브 샐러드

재료(2인분)

멜론 $\frac{1}{2}$개
-> 초록색 과육 또는 붉은색 과육
판체타(또는 베이컨) 30g
딜 적당량
레몬즙(또는 화이트와인 비니거) 2작은술
올리브오일 1큰술
소금 조금
아몬드(굵게 부순 것) 적당량
통후추 조금

1. 멜론은 씨를 제거하고 껍질을 벗긴다. 한입 크기로 썰어 볼에 넣는다. 판체타는 막대 모양으로 썰고 딜은 줄기에서 잎을 떼어 잘게 썰어 함께 넣고 섞어준다.

2. 작은 그릇에 레몬즙, 올리브오일, 소금을 넣고 먼저 섞은 다음 1을 넣고 잘 섞어준다.

3. 그릇에 담아 아몬드를 뿌리고 통후추를 갈아준다.

멜론을 감싸는 생강 드레싱과 치즈가 포인트. 꼭 페타 치즈를 사용해주세요. 페타 치즈의 짠맛과 감칠맛 덕분에 따로 소금을 넣지 않아도 됩니다.

생강 풍미의 멜론 민트 샐러드

재료(2인분)

멜론 ½개
-> 잘 익은 초록색 과육 또는 붉은색 과육
페타 치즈 30g
생강 20g
꿀 2큰술
올리브오일 1작은술
통후추 조금
민트 적당량

1. 생강 드레싱을 만든다. 생강은 아주 잘게 다진다. 프라이팬에 올리브오일을 두르고 생강을 넣어 약불로 볶는다. 향이 나기 시작하면 꿀을 넣고 불을 끈 다음 섞는다. 작은 사각 트레이나 소스 컵에 담아 식힌다.

2. 페타 치즈는 그대로 손으로 으깬다.

3. 멜론은 씨를 제거하고 껍질을 벗긴 후 한입 크기로 썰어 볼에 넣는다. 1의 드레싱을 넣고 섞어준다.

4. 그릇에 담고 페타 치즈를 올린 다음 통후추를 갈아 넣고 민트를 곁들인다.

안초비로 만든 이탈리아의 피쉬 소스인 콜라투라와 화이트 발사믹을 사용한 멜론 초무침입니다. 이대로 먹어도 또는 바게트나 포카치아에 넣어 먹어도 맛있어요.

멜론과 수박무의 이탈리안 초무침

재료(만들기 쉬운 분량)

멜론 1/4개
-> 너무 익지 않은 초록색 과육 또는 붉은색 과육
수박무 1/2개
꿀 2작은술
비정제 설탕 2작은술
화이트 발사믹 2큰술
-> 또는 화이트와인 비니거 1큰술 + 메이플 시럽 1큰술
콜라투라(또는 다른 피쉬 소스) 1작은술
소금 조금
올리브오일 1큰술

1. 멜론은 씨를 제거하고 껍질을 벗긴다. 수박무와 똑같이 5mm 두께로 은행잎 썰기를 해 함께 볼에 넣는다.

2. 남은 재료를 전부 넣고 거품기로 섞는다. **1**을 넣고 잘 섞어준다.

3. 랩을 씌워 냉장실에서 20분 정도 두고 맛이 들게 한다.

memo

• 만든 후 바로 먹지 말고 20분 정도 두고 맛이 든 다음 드세요. 20분 정도지만 맛이 크게 달라집니다.
• 화이트 발사믹과 콜라투라는 수입 식료품점이나 인터넷에서 구입할 수 있습니다.

멜론 리조토라고 하면 깜짝 놀랄 수
도 있겠죠. 예상과 달리 중독되는 맛
입니다. 특히 뜨거울 때 먹으면 맛있
어요.

멜론 생햄 리조토

재료(2인분)

멜론 ¼개
-> 너무 익지 않은 붉은색 과육
벨기에 샬롯 2개
-> 또는 양파 ½개
생햄 4~5장
버터 10g
칼루나로리 쌀 200g
화이트와인 20ml
물 700~800ml
파마산 치즈(간 것) 5큰술
소금, 통후추 조금
올리브오일 적당량
딜 등의 허브(있을 경우) 적당량

1. 멜론은 씨를 제거하고 껍질을 벗겨 8mm 두께로 은행잎 썰기를 한다. 벨기에 샬롯은 잘게 썬다. 생햄은 1.5cm 두께로 썬다.

2. 프라이팬에 버터를 넣고 중약불에서 녹인다. 벨기에 샬롯을 투명해질 때까지 타지 않도록 주의하면서 볶는다. 생햄을 풀어헤치듯 넣어주고 한 번 더 볶아준다.

3. 생햄이 살짝 익으면 칼루나로리 쌀을 넣고 섞어가며 볶아준다. 쌀이 반투명해지면 화이트와인을 넣는다.

4. 분량의 물을 한 국자씩 넣고 잘 섞어 쌀에 흡수되게 한다. 15분 간격으로 이를 반복한다. 쌀이 알덴테 상태가 되면 멜론과 파마산 치즈를 넣어준다.

5. 멜론이 흐물흐물해지면 소금을 넣고 통후추를 갈아서 간을 맞춘다.

6. 그릇에 담고 올리브오일을 뿌린 다음 통후추를 갈아준다. 딜 등의 허브가 있으면 허브로 장식한다.

memo

• 칼루나로리 쌀은 이탈리아의 대표적인 쌀 품종입니다. 여기에서는 씻지 않고 그대로 사용했습니다. 없으면 일반 쌀도 좋습니다.

• 물만 넣어도 괜찮습니다. 생햄과 파마산 치즈가 조미료 역할을 해줘요.

• 리조토를 맛있게 완성하는 비결은 끊임없이 계속 저어주는 것입니다.

카다멈 풍미의 크림이 멜론과 잘 어울립니다. 만약 멜론 쇼트케이크를 만든다면 크림에 카다멈을 조금 넣어보세요. 한층 깊은 맛과 강한 향을 느낄 수 있습니다.

멜론 카다멈 샌드위치

재료(2인분)

멜론(반으로 잘라 씨를 뺀 것) 1개
-> 너무 익지 않은 초록색 과육 또는 붉은색 과육
식빵(샌드위치용) 4장
생크림 100ml
비정제 설탕 1¹/₂큰술
카다멈 파우더 1작은술
피스타치오(껍질 벗긴 것, 있을 경우)
민트, 매리골드(모두 허브티용) 등의 허브(있을 경우) 적당량

memo

- 여름에 생크림을 만들 때는 얼음물 위에 볼을 올리고 만드세요.
- 완숙 멜론은 수분이 많아 크림 맛이 잘 나지 않고 샌드위치를 예쁘게 만들기 힘들어요.

1. 카다멈 크림을 만든다. 큰 볼에 생크림을 넣고 설탕을 두 번에 나눠 넣으면서 거품기를 이용해 70% 정도로 휘핑한다. 카다멈 파우더를 넣고 뿔이 생길 때까지 거품을 낸다.

2. 멜론은 빗 모양으로 8등분하고 껍질을 벗겨 1cm 두께로 은행잎 모양으로 썬다.

3. 식빵 2장에 1을 각각 골고루 발라준다.

4. 멜론을 가운데서부터 방사형으로 놓고 그 위에 한 번 더 1을 골고루 바른다.

5. 남은 식빵으로 잘 덮은 후 가볍게 눌러준다. 먹기 좋은 크기로 자른 후 그릇에 담는다. 피스타치오나 허브가 있으면 곁들인다.

상큼한 멜론 디저트 수프입니다. 레몬 오일이 맛을 결정짓기 때문에 꼭 사용해보세요.

멜론과 바질로 만드는 산뜻한 포타주

재료(2인분)

멜론 1/2개

-> 잘 익은 초록색 과육

바질 7~8장

민트 1큰술

레몬즙(또는 화이트와인 비니거) 2작은술

소금 한 꼬집

레몬 오일(p.189 참조, 또는 올리브오일) 적당량

밑준비

○ 바질과 민트는 잎을 찢어놓는다. 민트는 장식용으로 몇 장 남겨둔다.

1. 멜론은 씨와 주변 과육을 제거하고 이를 작은 차망에 숟가락으로 눌러가며 거른다. 과육은 껍질을 벗겨 적당한 크기로 잘라 볼에 넣는다. 거른 과즙도 넣어준다.

2. 1에 바질과 민트, 레몬즙, 소금을 넣고 핸드블렌더로 간다. 원뿔형 채나 소쿠리에 거르고 냉장실에서 식힌다.

3. 그릇에 담고 레몬 오일을 뿌린 후 장식용 민트를 올려준다.

memo

• 익지 않은 멜론을 사용하는 경우에는 아가베 시럽을 1큰술 정도 넣어줍니다.

• 레몬 오일을 맛있게 활용하는 레시피 중 하나입니다.

멜론과 카다멈의 향긋함이 잘 어울립니다. 구운 머랭과 꼭 함께 드셔보세요.

멜론 바닐라 소르베와 구운 카다멈 머랭

재료(만들기 쉬운 분량)

멜론 ¹/₂개
-> 잘 익은 초록색 과육
바닐라 빈 ¹/₂개
아가베 시럽 2큰술
화이트와인 1큰술

◎구운 머랭
계란 흰자 1개 분량
비정제 설탕 50g
카다멈 파우더 1작은술

밑준비

◦ 멜론은 씨를 제거하고 껍질을 벗겨 깍둑썬 후 냉동실에서
  하룻밤 얼린다.
◦ 바닐라 빈은 껍질을 까서 씨를 뺀 후 껍질은 따로 둔다.

1. 구운 머랭을 만든다. 계란 흰자를 볼에 넣고 핸드
블렌더나 거품기로 저으면서 설탕을 여러 번에 나눠
넣는다. 뿔이 생길 정도가 되면 카다멈 파우더를 넣고
실리콘 주걱으로 가볍게 섞어준다.

2. 깍지를 끼운 짤주머니에 넣고 오븐 시트를 깐 조
리용 사각 트레이나 오븐 팬 위에 5~6cm 길이로 짠
후, 오븐에서 100℃로 1시간 동안 굽고 건조시킨다.
건조가 덜 되었다면 10분 간격으로 상태를 보면서 더
굽는다. 다 구워지면 눅눅해지지 않도록 바로 밀폐용
기에 넣는다.
-> 약 10개의 머랭을 만들 수 있다. 방습제를 넣은 밀폐용
기에 보관하면 상온에서 2~3일간 보존 가능하다.

3. 작은 냄비에 아가베 시럽, 화이트와인, 바닐라 빈
씨와 껍질을 넣고 중약불에서 데운다. 향이 나기 시작
하면 바닐라 빈 껍질만 꺼내고 불을 끄고 식힌다.

4. 푸드 프로세서에 얼린 멜론과 3을 넣고 간다. 멜
론이 잘 갈리면 1분 정도 더 갈아서 공기를 넣어준다.

5. 4를 바로 용기에 부어 냉동실에 넣고 1시간 정도
얼린다.

6. 그릇에 담고 2의 구운 머랭을 곁들인다.

멜론 반쪽을 한 번에 먹는 사치. 잘 익은 멜론을 사용해야 맛있습니다. 럼 외에 마르살라 와인이나 메이플 시럽이 들어간 브랜디로도 훌륭한 맛을 낼 수 있어요.

멜론과 럼,
그리고 바닐라 아이스크림

재료(2인분)
멜론 1개
-> 잘 익은 초록색 과육
럼 적당량
바닐라 아이스크림 적당량

1. 멜론을 반으로 자르고 씨와 주변 과육을 제거해 이를 작은 소쿠리나 차거름망에 넣고 스푼 등으로 눌러 거른다. 이렇게 나온 과즙을 멜론 씨를 제거한 부분에 붓는다.

2. 씨를 제거하고 파낸 곳의 $1/2$ 정도까지 럼을 따르고 아이스크림을 올린다.

memo
• 잘 익은 멜론의 가장 맛있는 부분은 한가운데 씨 주변 과육입니다. 맛있는 부분을 조금도 남기지 말고 잘 짜주세요.

4

무화과

블루치즈를 얹은
카라멜라이즈 무화과

재료(2인분)

무화과 2개
그래뉴당 적당량
블루치즈 적당량
-> 고르곤졸라 치즈 혹은 푸름 당베르 치즈(프랑스 오베르뉴 지방의
숙성 블루치즈)

1. 무화과는 껍질채 세로로 반을 자른다. 껍질 쪽 볼
록한 부분을 조금 잘라내어 평평하게 만들어 놓는다.

2. 1의 단면에 그래뉴당 1~2작은술을 골고루 바른다.

3. 그래뉴당이 과즙에 녹기 전에 요리용 토치로 카
라멜라이즈한다.
-> 화상을 입지 않도록 주의한다. 카라멜라이즈는 뜨겁게
가열한 스푼 밑바닥을 대는 것으로도 가능하다.

4. 그릇에 담고 3mm 두께로 자른 블루치즈를 얹는
다.

memo

- 요리용 토치를 사용한다면 사용 후 (토치가) 식을 때까지
  놓을 곳을 미리 정해두도록 합니다. 올바른 사용법을 알
  면 무섭지 않아요.
- 한입에 먹는 것이 가장 맛있게 먹는 방법입니다.

무화과의 계절이 오면 매년 즐기는
와인 안주입니다. 바삭바삭 끈적끈
적한 질감과 달콤하고 새콤한 맛이
일품인 제가 정말 좋아하는 레시피
예요.

무화과를 아마레또 소스에 마리네이
드했습니다. 아름다운 디저트 같은
샐러드입니다.

아마레또 소스에 절인 무화과

재료(2인분)

무화과 4~5개
아마레또 60ml
비정제 설탕 2작은술
화이트 발사믹 2큰술
-> 또는 화이트와인 비니거 1큰술 + 메이플 시럽 1큰술
마스카포네 치즈(취향에 따라) 적당량
피스타치오(껍질을 벗겨 부순 것) 적당량

1. 냄비에 아마레또와 설탕을 넣고 중약불로 가열해 알코올을 날린다. 화이트 발사믹을 넣고 젓다가 불을 끄고 식힌다.

2. 무화과는 꼭지를 잘라 껍질채 세로로 8등분한다. 1에 담아 30분 이상 냉장실에 둔다.

3. 그릇에 담고 취향에 따라 마스카포네 치즈와 피스타치오를 올린다.

memo

- 화이트 발사믹은 수입 식료품점이나 인터넷에서 구입할 수 있습니다.
- 아마레또는 아몬드 향이 나는 것으로 유명한 이탈리아의 리큐르입니다. 살구씨, 복숭아씨, 스위트 아몬드 등 핵과류의 씨앗을 이용해 만듭니다.

보통 과일과 치즈는 참을 수 없는 궁
합을 보여줍니다. 무화과도 그렇죠.
바짝 졸인 발사믹이 포인트입니다.

발사믹 소스를 뿌린 무화과와 리코타 치즈 샐러드

재료(2인분)

무화과 2개
리코타 치즈 적당량
발사믹 50ml
꿀 2큰술
빈꼬또(p.102 참조. 있을 경우) 3큰술

1. 무화과는 꼭지를 잘라 껍질채 세로로 4등분한다.

2. 발사믹 소스를 만든다. 작은 프라이팬에 발사믹,
꿀, 그리고 빈꼬또를 넣고 약불에서 졸인다. 걸쭉해지
면 불을 끄고 식힌다.

3. 그릇에 리코타 치즈, 1을 올리고 2를 둘러준다.

사케와 잘 어울리는 무화과 레시피를 소개합니다. 무더운 여름날 오후, 차가운 술로 식전주를 즐겨보는 건 어떠신가요?

미소 마스카포네 치즈를 올린 무화과

재료(2인분)

무화과(잘 익은 것) 2개
마스카포네 치즈 3큰술
미소 1작은술
꿀 2작은술

1. 마스카포네 치즈와 미소, 꿀을 잘 섞어준다.

2. 무화과는 꼭지를 자르고 껍질채 세로로 반 가른다. 겉면의 볼록한 부분을 살짝 잘라내 평평하게 만든 후 반을 가른 단면이 보이도록 그릇에 담는다. 무화과 위에 1을 얹는다.

memo

• 미소는 한 가지 종균만을 사용해 맛이 순하고 깔끔한 일본식 된장입니다.

무화과에 새콤달콤하고 향기로운 복숭아 비네그레트 소스를 곁들입니다. 여름에만 즐길 수 있는 특별하고 맛있는 샐러드입니다.

복숭아 비네그레트 소스를 곁들인
무화과 생햄 산양유 치즈 샐러드

재료(2인분)

무화과 2개
생햄 2장
샤브루 치즈 적당량
루꼴라 적당량
복숭아 1/2개

A | 화이트 발사믹(또는 화이트와인 비니거) 1큰술
  | 올리브오일 2작은술

소금, 통후추 적당량
피칸(또는 호두나 아몬드) 적당량

1. 복숭아 1개를 흐르는 물에 씻는다. 껍질채 세로로 반으로 잘라 씨를 뺀 후 1/2개만 준비해 사용한한다.

2. 비네그레트 소스를 만든다. 1을 굵은 강판(p.190 도구 ❶ 참조)에 갈아 볼에 담는다. A를 넣고 소금을 뿌린 후 통후추를 갈아 섞어준다.

3. 무화과는 꼭지를 자르고 껍질을 벗겨 세로로 8등분한다. 피칸은 얇게 자른다. 생햄은 먹기 좋게 자르고 샤브루 치즈, 루꼴라는 먹기 좋은 크기로 손으로 찢는다.

4. 그릇에 무화과, 생햄, 샤브루 치즈, 루꼴라 순으로 담고 피칸을 뿌린다. 2를 둘러준다.

이탈리아식으로 돼지 비계를 소금에 절인 '라르도'의 야성적인 맛과 무화과 단맛의 조화. 라르도의 지방이 투명하게 녹으면 먹습니다.

라르도를 얹은 발사믹 카라멜라이즈 무화과

재료(2인분)

무화과 2~3개
발사믹 2큰술
꿀 1큰술
소금 한 꼬집
라르도(또는 프로슈토) 2~3장

1. 무화과는 꼭지를 잘라 껍질채 세로로 4등분한다.

2. 프라이팬에 발사믹, 꿀, 소금을 넣고 중강불로 가열한다. 보글보글 끓으면 1을 넣고 프라이팬을 흔들어 전부 잘 섞이도록 한 후 불을 끈다.

3. 그릇에 담고 따뜻할 때 라르도를 살포시 올린다.

memo

• 라르도를 올리고 취향에 따라 통후추를 갈아 뿌려줍니다.
• 라르도는 수입 식료품점이나 인터넷에서 구입할 수 있습니다.

무화과 산지로 유명한 아이치의 향
토 요리인 무화과 미소 구이.

무화과 매실 미소 구이

재료(2인분)

무화과 1개
우메보시(부드러운 것) 2개

A │ 붉은 미소 2큰술
　　　 맛술 2큰술
　　　 비정제 설탕 1큰술

산초 가루(취향에 따라) 조금

밑준비

∘ 오븐은 240℃로 예열한다.

1. 우메보시는 씨를 빼고 과육을 다진다.

2. **A**와 **1**을 섞고 미소 덩어리가 없어질 때까지 잘
젓는다.

3. 작은 냄비나 프라이팬에 넣고 약불에서 타지 않
도록 저어가며 졸인다. 윤기가 날 때까지 졸여준다.

4. 무화과는 꼭지를 자르고 껍질채 세로로 반 자른
다. 껍질 쪽 볼록한 부분을 살짝 잘라 평평하게 만들
어 조리용 사각 트레이에 놓는다. **3**을 무화과 중앙에
봉긋하게 올리고 예열한 오븐에서 약 8분 동안 굽는
다. 도중에 미소 된장이 타지 않도록 알루미늄 호일로
덮어준다.

5. 그릇에 담고 취향에 따라 산초 가루를 뿌려 먹는
다.

양하를 듬뿍 넣습니다. 감칠맛을 머금은 생햄의 짠맛이 연결 고리 역할을 합니다. 좋은 올리브오일을 사용하는 것도 포인트입니다.

무화과 양하 샐러드

재료(2인분)

무화과 2~3개
생햄 3장
양하 2개
소금, 통후추 적당량
올리브오일 적당량

1. 무화과는 꼭지를 자르고 껍질채 세로로 4등분한다. 생햄은 가늘게 썰고 양하는 작은 입 크기로 썬다.

2. 그릇에 무화과를 올리고 생햄을 뿌린 후 양하를 올린다.

3. 소금을 뿌리고 통후추를 갈아준다. 올리브오일을 듬뿍 뿌린다.

무화과를 알맞게 가열해 완성하려면,
중간부터는 속도가 생명입니다. 오
일이나 버터를 사용하지 않기 때문
에 취향에 따라 먹기 직전에 올리브
오일을 뿌려도 됩니다.

무화과 치즈 펜네

재료(2인분)

무화과 3~4개
펜네 180g
화이트와인 2¹/₂큰술
블루치즈 60g
생크림 70ml
파마산 치즈(간 것) 4큰술
소금 적당량
통후추 조금
올리브오일(취향에 따라) 적당량

1. 펜네는 뜨거운 물에 소금을 넣고 삶는다.

2. 무화과는 꼭지를 자르고 껍질을 벗겨 세로로 4등분한다.

3. 프라이팬에 화이트와인을 넣고 불을 켠 후 블루치즈를 넣고 녹인다. 생크림, 파마산 치즈를 넣고 끓이다가 물기를 뺀 펜네를 넣고 잘 저어준다. 소금을 조금 뿌려 간을 맞춘다.
-> 평소보다 살짝 강하게 간한다.

4. 2를 넣고 20초 정도 데운 후 불을 끈다. 프라이팬을 흔들어 전체적으로 잘 섞어준다.

5. 그릇에 담고 통후추를 갈아준다. 취향에 따라 올리브오일을 둘러준다.

memo
• 오일은 레몬 오일(p.189 참조)을 사용해도 맛있어요.

무화과는 여러 조미료와 궁합이 잘
맞고, 요리에 적합한 과일입니다. 특
히 제가 좋아하는 건 참깨와의 궁합
입니다. 참깨의 고소함이 무화과의
감칠맛을 한층 끌어올립니다.

무화과 참깨 그라탕

재료(2인분)

무화과 5개
계란 노른자 2개
비정제 설탕 2작은술
마르살라 와인(또는 화이트와인) 1¹/₂큰술
참깨 페이스트 2작은술
소금 한 꼬집
깨소금 1큰술

밑준비

◦ 오븐을 220℃로 예열한다.

1. 무화과는 꼭지를 자르고 껍질채 위에서 ³/₄ 위치
까지 십자로 칼집을 넣는다.

2. 볼에 계란 노른자를 넣고 거품기로 풀어준다. 설
탕을 넣어 섞은 후, 마르살라 와인, 참깨 페이스트, 소
금을 넣고 다시 섞어준다.

3. 내열용기에 무화과를 담고 **2**를 넣은 후 깨소금을
뿌린다.

4. 예열한 오븐에 30분 동안 굽는다.

가을 무화과로 꼭 만들어봐야 하는
꽁치 요리입니다. 무화과의 황홀한
단맛이 꽁치에 어울리는 소스가 됩
니다. 뜨거울 때 드세요!

무화과 꽁치 춘권

재료(2인분)

무화과 1개
꽁치 1마리
춘권피 4장
소금, 통후추 적당량
밀가루 1큰술
-> 1½큰술의 물에 섞어 밀가루 풀을 만든다
튀김유 적당량

1. 무화과는 꼭지를 자르고 껍질을 벗겨 세로로 8등
분한다.

2. 꽁치는 살만 발라낸 후 길게 반으로 자른다. 소금
을 뿌리고 통후추를 갈아준다.

3. 춘권피에 각각 ¹/₄ 분량의 **2**와 **1**을 놓고 좌우를
접어 말아준다. 말아준 다음에는 피 끝에 밀가루 풀을
발라 단단히 여며준다. 이렇게 4개를 만든다.

4. 170℃의 튀김유에 갈색이 될 때까지 튀긴다.

무화과 포도 타르트 플랑베

재료(2~3인분)

무화과 2~3개
무염 버터 50g
중력분 130g
-> 또는 박력분 65g + 강력분 65g
포도(붉은 포도) 10알
적양파 ¼개
베이컨 ½장
프로마쥬 블랑(또는 크림치즈) 100g
소금, 통후추 조금

1. 큰 냄비에 물을 끓이고, 볼에 버터를 넣고 중탕한다. 버터가 녹으면 볼을 꺼내고 중력분을 넣어 반죽하지 말고 잘 섞어준다. 고슬고슬한 소보로 상태가 되면 물 50ml를 넣고 손끝으로 살짝 섞어준다. 여러 번 손바닥으로 꽉 눌러주길 반복하고, 전체적으로 잘 섞이면 한 덩어리로 만들어 랩을 씌운다.

2. 무화과와 포도는 5mm 두께로 자르고 적양파는 얇게, 베이컨은 길게 자른다.
-> 여기서 오븐을 230℃로 예열한다.

3. 1을 도마나 베이킹 매트 위에 놓고 밀대로 두께 약 3mm, 25 × 25cm 정도 크기의 사각 모양으로 밀어준다.

4. 오븐 시트를 깐 도마 위에 3을 놓고 포크로 군데군데 구멍을 뚫어준다. 프로마쥬 블랑을 골고루 바르고 적양파와 베이컨을 올린다. 소금을 뿌리고 통후추를 갈아준 다음 무화과와 포도를 적절히 올린다.

5. 예열한 오븐에서 18~20분간 굽는다.

타르트 플랑베는 프랑스 알자스 지방의 향토 요리입니다. 전통 레시피에 충실하게 만드는 것도 좋고 계절 과일을 올리는 것도 좋아요. 발효시킬 필요가 없어서 생각났을 때 바로 만들 수 있는 요리입니다. 와인 안주가 급히 필요할 때 좋은 메뉴입니다.

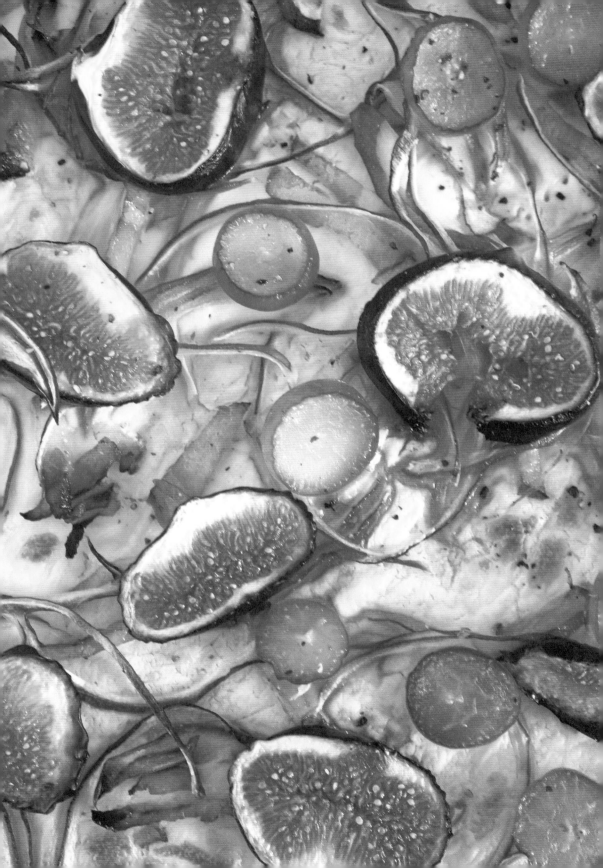

스파이스 풍미의
반건조 무화과

재료(만들기 쉬운 분량)

무화과 5개
레드와인 300ml
물 100ml
비정제 설탕 100g
시나몬 스틱 1개
클로브 6개
레드와인 비니거 1큰술

밑준비

∘ 냄비에 무화과를 뺀 나머지 재료를 넣고 불을 켠 다음
끓기 시작하면 무화과를 넣는다. 다시 한소끔 끓여
키친타월(부직포 타입)로 덮어준 다음 약불에서 10분 동안
조린다. 중간에 무화과를 뒤집어 준다. 불을 끄고 그대로
둬서 열을 식힌다. 뚜껑 있는 용기에 조린 국물채로 함께
담고 냉장실에서 하룻밤 재운다.

1. 무화과를 세로로 반 잘라 키친타월로 물기를 뺀
다. 키친타월을 깐 조리용 사각 트레이 위에 1시간 정
도 둔다.
-> 오븐을 100℃로 예열한다.

2. 예열한 오븐에서 **1**을 1시간 30분~ 2시간 동안 건
조시킨다. 건조가 덜 되었다면 15분 간격으로 상태를
살피면서 오븐에서 더 건조시킨다.
-> 뚜껑 있는 깨끗한 용기에 담아 냉장실에 보관하고 1주
일 이내에 먹는다.

memo

• 블루치즈나 꿀, 생햄을 올리고 취향에 따라 통후추를 갈
아 뿌려주면 와인과 잘 어울리는 안주가 됩니다.

그대로 건조시키면 비교적 담백한
무화과도 콩포트로 만들어 반건조시
키면 농후한 감칠맛이 생깁니다.

반건조 무화과와
시나몬 초콜릿을 넣은 비스코티

재료(만들기 쉬운 분량)

스파이스 풍미의 반건조 무화과 65g
(p.80 참조, 또는 시판 건조 무화과)
초콜릿(카카오 함유량 65%) 30g
계란 1개
올리브오일 40ml

A | 비정제 설탕 40g
   | 아몬드 50g

B | 시나몬 파우더 1½작은술
   | 강력분 60g
   | 전립분(통밀가루) 30g
   | 아몬드 가루 30g
   | 베이킹파우더 ½ 작은술

소금 한 꼬집

밑준비
◦ 아몬드는 130℃ 오븐에서 25분간 굽고 반으로 자른다.
◦ B는 섞어서 체에 거른다.
◦ 오븐은 180℃로 예열한다.

1. 반건조 무화과와 초콜릿은 각각 8mm 크기로 깍
둑썬다.
-> 너무 작게 썰지 않도록 한다.

2. 볼에 계란을 풀고 여러 번에 나눠 올리브오일을
넣으면서 거품기로 잘 저어준다. 1과 A를 넣고 나무
주걱으로 섞어준다.

3. 준비한 B를 넣고 매끈해질 때까지 뒤적여준다.
한 덩어리로 만들어 랩으로 싼 후 냉장실에서 20분
휴지시킨다.

4. 3을 돔 형태로 성형하고 오븐 시트를 깐 오븐 팬
에 놓고 예열한 오븐에서 20~25분간 굽는다. 도중에
한 번 오븐 팬의 앞뒤를 돌려준다. 구운 후, 오븐 팬에
서 꺼내 망 위에 올려놓고 식힌다.
-> 한 번 더 굽기 때문에 이 때 가장자리가 노릇노릇하게
구워진 정도면 좋다.

5. 1cm 두께로 자르고 다시 한 번 오븐 시트를 깐
오븐 팬에 자른 단면이 위를 향하도록 놓는다.
-> 부서질 것 같으면 더 식힌 후 자른다.

섞어주고 굽기만 하면 되는 간단한 간
식. 생각났을 때 바로 만들 수 있어요.
커피나 와인에 적셔 먹어도 좋아요. 시
판 건조 무화과로도 맛있게 만들 수 있
습니다.

6. 오븐 온도를 160℃로 낮춰 15~20분간 굽는다.
-> 수분이 날아가고 갈색이 되면 다 구워진 것이다.

무화과의 적당한 단맛과 소시지 짠
맛의 조화는 도저히 참을 수 없죠.
소시지는 허브나 향신료가 들어간
것이 잘 어울립니다. 쫀득하고 바삭
하게 만들려면 오븐 온도가 중요합
니다. 온도가 내려가지 않도록 생지
를 부을 때의 속도에 신경쓰세요. 화
상을 입지 않도록 주의합니다.

무화과 토드 인 더 홀

재료(직경 20cm의 스킬렛 1개 분량)

무화과 2개
소시지 3~4개
계란 3개
우유 90ml
중력분 80g
-> 또는 박력분 40g + 강력분 40g
식용유 적당량
소금, 통후추(취향에 따라) 적당량

밑준비

◦ 오븐을 220℃로 예열한다.

1. 무화과는 꼭지를 자르고 껍질채 세로로 반 자른다.

2. 생지를 만든다. 볼에 계란을 풀고 우유를 넣어 거
품기로 잘 저어준다.

3. 다른 볼에 중력분을 넣고 **2**를 세 번에 걸쳐 넣는
다. 넣을 때마다 잘 저어준다.
-> 가루가 완전히 없어질 때까지 잘 젓는다.

4. 스킬렛에 식용유를 듬뿍 바른 후, 소시지를 넣고
예열한 오븐에서 8분간 굽는다.

5. **4**에 **3**을 붓고 **1**을 올려 다시 25~30분간 굽는다.
소금을 뿌리고 취향에 따라 통후추를 갈아준다.

memo

• 스킬렛 대신 같은 크기의 내열용기를 사용해도 됩니다.
• 토드 인 더 홀은 영국의 대중적인 전통 요리입니다.

5

포도

포도와 햇생강으로 만드는 크림 샐러드

재료(2인분)

포도(좋아하는 것으로) 300~400g
크림치즈 40g
햇생강(간 것) 25g
플레인 요거트 1큰술
꿀 1작은술
소금 적당량
아몬드 슬라이스 적당량

밑준비

◦ 크림치즈는 실온 상태로 둔다.

1. 포도는 잘 씻은 후 송이에서 포도알을 떼어내 가로로 반 자른다. 씨가 있으면 꼬치 등으로 제거해준다.

2. 볼에 크림치즈를 넣고 나무 주걱으로 크림 상태가 될 때까지 풀어준다. 요거트, 햇생강, 꿀을 넣고 섞어준다. 소금을 뿌려 간을 맞춘다.

3. 1을 넣고 가볍게 섞어준다. 그릇에 담고 아몬드 슬라이스를 뿌린다.

얼얼한 햇생강의 향과 풍미. 포도는 여러 종류를 섞어도 맛있게 먹을 수 있어요.

샤인머스캣에 치즈만 넣어주면 끝.
이렇게만 해도 놀랄 정도로 맛있습
니다. 터져 나오는 포도 과즙에 치즈
의 짠맛이 한껏 어우러지는 맛입니
다. 여름에 마시는 화이트와인에 가
장 잘 어울려요.

와인을 위한 샤인머스캣 치즈

재료(2인분)

샤인머스캣 ¹/₂송이
블루치즈(또는 고르곤졸라나 로크포르 치즈. 취향에 따라) 적당량

1. 샤인머스캣은 잘 씻어 송이에서 포도알을 떼어낸
다. ²/₃ 깊이까지 세로로 칼집을 넣어준다.

2. 치즈를 2mm 두께로 썰어 칼집 낸 1의 안쪽에 넣
어준다.

memo

• 로크포르 치즈는 프랑스 루에르그 지방 로크포르의 천
  연 석회암굴에서 양의 생 전유를 숙성시킨 푸른곰팡이
  치즈입니다.

누구나 쉽게 만들 수 있는 와인 안주
입니다. 신선한 샤인머스캣에 고소
한 피스타치오의 풍미를 입힙니다.

피스타치오를 뿌린 샤인머스캣

재료(2인분)

샤인머스캣 $1/2$송이
피스타치오 가루 3큰술
화이트 발사믹 2작은술
-> 또는 화이트와인 비니거 1작은술 + 메이플 시럽 1작은술
통후추 조금
민트(있을 경우) 조금

1. 샤인머스캣은 잘 씻어서 송이에서 포도알을 떼어
내 세로로 반 자른다.

2. 볼에 피스타치오 가루와 화이트 발사믹을 넣고
잘 섞은 다음 1을 넣고 통후추를 갈아준다. 그릇에 담
고 민트가 있으면 함께 곁들인다.

memo

• 피스타치오 가루와 화이트 발사믹은 베이킹 재료점이나
수입 식료품점, 인터넷에서 구입할 수 있습니다.

포도의 과즙과 적양파의 아삭한 식
감이 뛰어난 적보라빛 마리네이드.
파슬리의 싱그러운 초록과의 대비가
보기에도 예쁜 한 접시입니다.

흑포도와 오징어 마리네이드

재료(2인분)

흑포도 7~8알
오징어 몸통 2마리 분량
적양파 1/2개
식초 2큰술
소금, 후춧가루 적당량
녹말가루 적당량
파슬리(다진 것) 적당량
튀김유 적당량

밑준비

◦ 적양파는 잘게 다져 조리용 트레이 등에 놓고 30분간
　둔다.

1. 포도는 껍질을 벗겨 세로로 반 자른다. 씨가 있으
면 꼬치 등으로 제거한다.

2. 볼에 적양파, 식초, 소금, 후추, 1을 넣고 한 번 섞
은 다음 30분간 절인다.

3. 오징어는 내장을 제거하고 물에 씻어 물기를 뺀
다. 1cm 두께의 고리 모양으로 썰고 소금을 조금 뿌
린 후 녹말가루를 묻힌다. 170℃의 튀김유에 오징어를
넣고 바삭하게 튀긴다.

4. 2에 3을 넣고 잘 섞은 다음 그릇에 담고 파슬리
를 뿌린다.

이 카프레제에 조금 고집을 부려보
자면 치즈는 브리야사바랭을 곁들이
는 게 좋겠어요. 깊이 있고 진한 크
리미한 치즈와 상큼한 샤인머스캣의
과즙이 잘 어울립니다. 무더운 날 오
후, 차가운 스파클링 와인이나 소비
뇽 블랑 등과 함께 드셔보세요.

샤인머스캣과 민트, 브리야사바랭 카프레제

재료(2인분)

샤인머스캣 1/2송이
키위 1개
브리야사바랭 치즈(찢은 것) 60g
민트(찢은 것) 적당량
레몬(과즙을 짜고 껍질은 간다) 1/2개
-> 레몬 껍질 노란색 부분을 갈아준다
레몬 오일(p.189 참조. 또는 올리브오일) 적당량
소금, 통후추 적당량

1. 샤인머스캣은 잘 씻어 송이에서 포도알을 떼어내
세로로 반 자른다. 키위는 껍질을 벗겨 먹기 좋은 크
기로 자른다.

2. 볼에 **1**을 넣고 레몬즙을 뿌린 다음 그릇을 흔들
어 섞어준다.

3. **2**를 그릇에 담고 브리야사바랭 치즈와 민트를 올
린다. 레몬 오일, 소금을 뿌린다. 통후추를 갈아주고
레몬 껍질 간 것을 뿌려준다.

포도 종류도 정말 많아졌습니다. 그
중에서도 가장 충격적인 맛은 샤인
머스캣이었어요. 돼지고기와 함께
먹는 이 레시피는 매년 여름에 만들
어 먹는 정말 좋아하는 요리입니다.
딜이 포인트가 되기 때문에 꼭 넣어
주세요.

샤인머스캣과 딜 요거트 소스를 곁들인 로스트포크

재료(2인분)

샤인머스캣(포도알만) ½송이
돼지 안심(구이용) 2장
밀가루 적당량

A | 레드와인 비니거 2큰술
   | 꿀 2작은술
   | 간장 1작은술
   | 마늘(간 것) 1쪽

참기름(또는 식용유) 적당량

◎딜 요거트 소스
플레인 요거트 400g
화이트와인 비니거 1큰술
꿀 1큰술
딜(잘게 다진 것) ½팩
소금, 통후추 적당량

밑준비

◦ 볼 위에 체를 올린다. 체에 키친타월(부직포 타입) 2장을
  깔고 그 위에 요거트를 붓고 하룻밤 걸러 물기를 뺀다.
  -> 플레인 요거트 400g의 물기를 하룻밤 동안 빼면 약
  200g의 요거트가 만들어진다.

1. 샤인머스캣은 잘 씻어 세로로 반 자른다. 돼지고기는 필요하면 여러 군데 칼집을 내고 밀가루를 묻힌다. 여분의 밀가루는 털어준다.

2. 딜 요거트 소스를 만든다. 물기를 뺀 요거트에 화이트와인 비니거, 꿀을 넣고 잘 섞어주고 딜을 넣는다. 소금과 후추로 간을 맞추고 상온에 둔다.

3. 프라이팬에 참기름을 듬뿍 두르고 중불로 가열한다. 돼지고기를 넣고 굽는다. 가끔씩 돼지고기 밑에 기름을 둘러주고 2~3분 굽는다.

4. 돼지고기를 뒤집어 스푼으로 기름을 떠 돼지고기에 부어주면서(이것을 아로제라고 한다) 고기가 다 익을 때까지 굽는다. 불을 끄고 일단 알루미늄 호일로 싸서 휴지시킨다.

5. 프라이팬에 기름을 조금 남기고 나머지 기름은 키친타월로 닦는다. A를 넣고 중불에서 끓이다가 4를 넣고 소스를 묻히는 정도로 굽다가 불을 끈다.

6. 5를 먹기 좋은 크기로 자르고 그릇에 담아 2의 소스를 뿌려 샤인머스캣을 올린다.

memo

• 백간장: 간장 대신 쓸 수 있는 것으로 추천하는 것이 백간장(시로타마리)입니다. 맛술과 간장의 중간에 있는 조미료로 감칠맛이 좋아 간장 특유의 색과 향을 피하고 싶을 때에도 좋습니다. 아래 사진은 '닛토양조'의 '미카와 백간장'입니다(사진 a).

a

샤인머스캣 화이트 타르트 플랑베

재료(완성 크기 약 25 X 25cm)

샤인머스캣(잘 씻은 포도알만) 1/2송이
베이컨 1/2장
마스카포네 치즈 50g
플레인 요거트 100g
중력분 130g
-> 또는 박력분 65g + 강력분 65g
무염 버터 50g
블루치즈 50g
소금, 통후추 조금
꿀 적당량
피스타치오(껍질을 까서 부순 것) 조금
딜(잘게 찢은 것) 조금

밑준비

◦ 볼 위에 체를 올린다. 체에 키친타월(부직포 타입) 2장을
깔고 그 위에 요거트를 붓고 하룻밤 걸러 물기를 뺀
요거트 50g을 준비한다.

1. 큰 냄비에 물을 끓인 후 볼에 버터를 넣어 중탕한
다. 버터가 녹으면 중력분을 넣고 살짝 저어준다. 고
슬고슬한 소보로 상태가 되면 물 50ml를 넣고 손끝
으로 살짝 섞다가 여러 번 손바닥으로 눌러주기를 반
복한다. 전체적으로 잘 섞이면 한 덩어리로 만들어 랩
으로 싼다.

2. 샤인머스캣은 가로 3mm 두께로 자르고 베이컨
은 가늘게 자른다.

3. 마스카포네 치즈와 물기를 뺀 요거트를 볼에 넣
고 잘 섞어준다.
-> 오븐을 230℃로 예열한다.

4. 1을 도마에 올려 랩을 벗긴 후, 밀대를 이용해 약
3mm 두께, 25 × 25cm 정도 크기의 사각형 모양으로
밀어준다.

5. 오븐 시트를 깐 오븐 팬 위에 4를 놓고 포크로 군
데군데 구멍을 뚫은 다음 3을 균일하게 발라준다. 2
를 뿌리고 블루치즈를 찢어 골고루 얹는다. 소금을 뿌
리고 후추를 갈아준다. 예열한 오븐에서 18~20분간
굽는다.

6. 먹기 직전에 꿀을 뿌리고 피스타치오, 딜을 올려
준다.

요거트와 마스카포네 치즈를 사용
한 가벼운 타르트 플랑베. 발효 없이
과일을 사용해 쉽게 만들 수 있으니
까 좋아하는 조합을 찾아서 만들어
보세요.

포도와 라벤더로 두 가지 요리를 만
들 수 있어요. 라벤더를 요리에 사용
하는 건 좀 어렵지만 비니거로 활용
하면 특유의 은은한 향을 즐길 수 있
습니다. 포도와 잘 어울려요.

라벤더 젤리를 올린 포도 판나코타

재료(와인 글라스 2개 분량)

포도 8~10알

◎판나코타
우유 150ml
생크림 150ml
비정제 설탕 40g
젤라틴 4g

◎라벤더 젤리
라벤더 비니거(p.189 참조) 30ml
비정제 설탕 40g
젤라틴 3g

밑준비
∘ 젤라틴은 각각 2큰술의 따듯한 물에 불린다.

1. 판나코타를 만든다. 냄비에 우유, 생크림, 설탕을 넣고 약불로 가열한다. 끓기 직전에 불을 끈 후, 젤라틴을 넣고 남은 열로 완전히 녹인다. 식으면 글라스에 따르고 냉장실에서 3시간 정도 식혀 굳힌다.

2. 라벤더 젤리를 만든다. 냄비에 물 30ml, 라벤더 비니거, 설탕을 넣고 가열하다 끓기 시작하면 불을 끈다. 젤라틴을 넣고 남은 열로 완전히 녹인다. 요리용 트레이에 붓고 식힌 다음 냉장실에 3시간 정도 넣어 식혀 굳힌다.

3. 포도는 껍질을 벗긴다. 1에 포도를 올리고 2를 포크 등으로 굵게 부숴 위에 올린 후 냉장실에 15분 정도 둔다.

포도 라벤더 마리네이드

재료(2인분)

포도 180g
라벤더 비니거(p.189 참조) 50ml
레드와인 2큰술
비정제 설탕 2큰술
좋아하는 허브(있을 경우) 조금

1. 냄비에 라벤더 비니거, 레드와인, 설탕을 넣고 끓어오르지 않도록 주의하며 약불로 가열한다. 설탕이 녹으면 불을 끄고 식힌다.

2. 포도는 껍질을 벗긴다. 뚜껑 있는 용기에 넣고 1을 따라 냉장실에서 3시간 이상 마리네이드한다. 그릇에 담고 좋아하는 허브가 있으면 곁들인다.

좋아하는 포도로 만드는
수제 건포도

재료(만들기 쉬운 분량)

포도(좋아하는 품종으로) 만들고 싶은 분량

1. 포도를 씻어 키친타월로 조심히 물기를 닦는다.

2. 오븐 시트를 깐 오븐 팬에 겹치지 않도록 넣는다.

3. 100℃의 오븐에서 3시간 건조시킨다.

-> 오븐에 컨벡션 기능이 있으면 사용한다. 건조가 덜 됐으면 상태를 보며 15분씩 추가로 건조시킨다.

4. 오븐 팬을 꺼내 그대로 습기 없는 그늘에서 말린다. 뚜껑 있는 용기에 넣고 냉장실에 보관한다.

-> 2주 이내에 먹는다.

memo

- 포도는 오븐 팬에 겹치지 않게 놓습니다. 줄기째 사용하는 경우에는 도중에 여러 차례 뒤집어서 방향을 바꿔주세요.
- 거봉처럼 알이 큰 포도는 건조에 4시간 정도가 걸립니다. 포도알 크기별로 나눠서 오븐에 넣어주세요.
- 건포도를 깨끗한 병에 넣어 잘박하게 럼을 붓고 약 1주일 정도면 럼레이즌이 완성됩니다(사진 a). 아이스크림이나 크림치즈와 섞어 먹거나 그대로 술안주로 즐겨도 좋습니다. 보존 기간은 약 반년입니다.

a

수제 건포도는 무엇보다 신선한 포도를 사용해야 합니다. 저는 과육에 신선함을 살짝 남긴 반건조를 좋아합니다. 요리에도 술안주로도 다양하게 활용할 수 있는 건포도. 꼭 한번 좋아하는 포도로 만들어 보세요.

건포도 고구마 샐러드(p.98)

건포도와 땅콩호박으로 만든
빙어 사오르(p.99)

스파이스 버터로 볶은
건포도 볶음밥(p.100)

건포도 피스타치오 버터(p.101)

고구마 샐러드는 시나몬의 풍미가 포인트입니다. 고구마를 단호박 200g으로 대체해서 만들어도 맛있어요.

건포도 고구마 샐러드

재료(만들기 쉬운 분량)

수제 건포도(p.96 참조 또는 시판 건포도) 1큰술
-> 시판 건포도는 뜨거운 물에 담갔다가 사용한다
고구마 1개
무염 버터 10g
크림치즈 30g
시나몬 파우더 1작은술
소금, 후추 적당량
딜 등의 허브(있을 경우) 적당량

밑준비

◦ 크림치즈는 실온 상태로 둔다.

1. 건포도는 알갱이가 크면 반으로 자른다. 고구마도 껍질을 벗겨 1cm 두께로 자르고 물에 담근다.

2. 냄비에 물기를 뺀 고구마를 넣고 잠길 정도로 물을 붓고 부드러워질 때까지 삶는다. 체에 받쳐 물기를 제거한 후, 볼에 담고 뜨거울 때 버터를 넣고 섞는다. 크림치즈, 시나몬 파우더를 넣고 나무 주걱으로 물기가 없어질 때까지 반죽하듯 잘 섞어준다.

3. 건포도를 넣고 섞는다. 소금, 후추로 간한다. 그릇에 담고 딜 등의 허브가 있으면 올려 장식한다.

사오르(saor)는 이탈리아 베네치아 지방의 향토 요리, 일본의 '난반즈케 (튀긴 생선과 잘게 썬 양파를 초절임한 음식)' 와 비슷한 음식입니다. 양파의 단맛 이 잘 살아나도록 오래 볶아주는 게 포인트입니다.

건포도와 땅콩호박으로 만든 빙어 사오르

재료(만들기 쉬운 분량)

수제 건포도(p.96 참조 또는 시판 건포도) 1큰술
-> 시판 건포도는 뜨거운 물에 담갔다가 사용한다
땅콩호박(속과 씨를 제거하고 껍질을 벗긴 것) 약 200g
-> 단호박으로 대체 가능
빙어 20마리
적양파(얇게 썬 것) 1개
올리브오일 2작은술

A | 화이트와인 60ml
　 | 화이트와인 비니거 30ml
　 | 월계수잎 1장
　 | 비정제 설탕 1작은술
　 | 꿀 1큰술

소금, 후추 적당량
밀가루 적당량
튀김유 적당량
파슬리(잘게 썬 것) 1작은술

1. 프라이팬에 올리브오일을 두르고 달군 후 적양파 를 넣는다. 소금을 살짝 뿌린 다음 중약불에 한참 볶 아준다. 탈 것 같으면 화이트와인을 조금(분량 외) 넣고 졸인다. 투명하게 흐물흐물해지면 A와 소금을 살짝 넣고 약불에서 수 분 동안 끓인다. 건포도를 넣고 한 번 섞어준 다음 불을 끄고 그대로 식힌다.

2. 땅콩호박은 5mm 두께로 썰고 밀가루를 입힌다. 빙어는 소금, 후추를 뿌려 밀가루를 입힌다.

3. 170℃의 튀김유에 땅콩호박, 빙어 순으로 넣고 튀 긴다. 뚜껑 있는 용기에 적양파와 땅콩호박, 빙어를 순서대로 넣고 뚜껑을 닫아 냉장실에서 1시간 이상 마 리네이드한다.

4. 그릇에 담고 파슬리를 뿌린다.

스파이시한 풍미와 건포도가 포인트
인 볶음밥. 이대로 먹어도 맛있지만
탄두리 치킨이나 카레를 곁들여도
잘 어울려요.

스파이스 버터로 볶은 건포도 볶음밥

재료(2인분)

수제 건포도(p.96 참조 또는 시판 건포도) 2큰술
-> 시판 건포도는 뜨거운 물에 담갔다가 사용한다
재스민 쌀 1/2컵(75g)
간 고기 80g
양파(다진 것) 1/2개
버터 15g

A ┃ 카다멈(껍질에 칼집 낸 것) 2~3알
    ┃ 가람 마살라, 쿠민, 고수(모두 파우더) 조금

아몬드 슬라이스 적당량
소금, 후추 적당량

밑준비

◦ 재스민 쌀을 씻어 30분간 물에 불린 후 체에 받쳐 물기를
  뺀다.

1. 건포도를 굵게 다진다.

2. 큰 냄비에 물을 끓이고 버터 5g, 재스민 쌀을 넣
고 7분 정도 삶은 다음 체에 받쳐 물을 뺀다.

3. 프라이팬에 A를 넣고 중약불에서 타지 않도록 주
의하며 볶다가 향이 나기 시작하면 버터 10g, 간 고
기, 양파를 넣고 볶는다.

4. 고기가 익고, 양파 색깔이 투명해지면 1, 2, 아몬
드슬라이스를 넣고 볶는다. 소금, 후추로 간을 맞춘다.

memo

• 재스민 쌀은 태국의 향미 품종의 하나입니다. 대형 마트
  나 인터넷으로 구입할 수 있습니다.

와인 안주로 안성맞춤인 건포도 버터. 견과류의 식감이 좋아요. 크래커나 바게트에 발라 먹어도 맛있습니다. 쓴맛이 날 수 있기 때문에 버터나 견과류는 반드시 무염 제품을 사용해 주세요.

건포도 피스타치오 버터

재료(4.5 X 7 X 높이 3.5cm의 타원형 무스 틀)

수제 건포도(p.96 참조 또는 시판 건포도) 20g
-> 시판 건포도는 뜨거운 물에 담갔다가 사용한다
피스타치오(무염, 껍질 벗긴 것) 10g
호두(무염) 5~6알
무염 버터 60g
빈꼬또(p.102 참조, 있을 경우) 1작은술

밑준비
○ 버터는 작게 잘라 실온에 둔다.

1. 건포도와 피스타치오, 호두는 같이 잘게 다진다.

2. 볼에 버터를 넣고, 실리콘 주걱 등으로 하얗게 될 때까지 갠다. 1과 빈꼬또를 넣고 잘 섞어준 다음 랩을 씌운 무스 틀에 넣고 성형한다.

3. 굳으면 무스 틀에서 빼내고 그대로 랩으로 싸서 냉장실에 넣고 1시간 정도 식히며 굳힌다.
-> 냉장실에서 약 1주일 보존 가능하다.

memo
• 무스 틀이 없으면 랩으로 싸서 타원형으로 만들어주세요.

수제 빈꼬또

포도 과즙만으로 만들 수 있는 만능 조미료 '빈꼬또(vincotto)'. 조림이나 드레싱, 음료 등에 활용할 수 있습니다. 불에 익혀 단맛을 살린 구운 포도에 뿌려 드셔보세요.

재료(만들기 쉬운 분량)

흑포도(스튜벤 등) 4~5송이

1. 포도는 잘 씻어 키친타월로 물기를 닦아준다. 송이에서 포도알을 떼어 볼에 넣고 손끝으로 으깨준 후, 손 전체를 사용해 주물러 으깬다.

2. 볼에 체를 받쳐 1을 걸러준다. 체에 남은 껍질이나 과육을 깨끗한 면포 또는 키친타월(부직포 타입)에 싸서 과즙을 짠다.

3. 냄비에 넣고 중불로 끓이다가 끓어오르면 약불로 줄인다. 저어주면서 천천히 졸이다가 끈기가 생기고 양이 1/3로 줄면 완성.
-> 열탕 소독한 병에 담아 실온에서 보관한다. 차고 어두운 곳에서 약 4주간 보존 가능하다.

memo

• 도중에 거품이 생기는데 기본적으로 걷어내지 않습니다. 신경 쓰이면 제거해도 됩니다.
• 스튜벤은 4~5송이가 약 1kg. 과즙을 짜면 800ml 정도가 되고 졸이면 250~280ml 정도의 빈꼬또를 만들 수 있습니다.

스파이스 빈꼬또 소스를 뿌린 구운 포도

재료(만들기 쉬운 분량)

흑포도(거봉, 피오네, 나가노퍼플 등) 1송이
올리브오일 1큰술

A | 수제 빈꼬또(또는 시판용) 50ml
  | 비정제 설탕 2작은술
  | 시나몬, 클로브(모두 파우더) 각 조금

소금 적당량
-> 가능하면 말돈 씨솔트나 암염을 사용한다

밑준비

◦ 오븐은 180℃로 예열한다.
◦ 포도를 씻어 키친타월로 물기를 닦아준다.

1. 스파이스 빈꼬또 소스를 만든다. 냄비에 A를 넣고 중약불로 타지 않도록 잘 저어주며 졸인다.

2. 손에 올리브오일을 바르고 포도에 오일을 얇게 골고루 발라준다.

3. 오븐 시트를 깐 트레이에 2를 넣고 예열한 오븐에서 15~20분간 굽는다.

4. 그릇에 담고 1을 뿌린다. 손가락으로 소금을 으깨 뿌려준다.

스파이스 빈꼬또 소스를 뿌린
구운 포도(p.102)

사워크림을 곁들인
빈꼬또 감자튀김(p.104)

빈꼬또 소스를 곁들인
비프 스테이크(p.105)

빈꼬또 소고기 조림(p.106)

감자튀김을 맛있게 만드는 방법은 튀김유가 담긴 팬에 감자를 먼저 넣고 불을 켜는 것입니다. 그리고 두 번 튀기는 것은 필수! 안은 포슬포슬 겉은 바삭해져요. 소금에도 살짝 비법이 들어갑니다.

사워크림을 곁들인 빈꼬또 감자튀김

재료(만들기 쉬운 분량)

A | 빈꼬또(p.102 참조 또는 시판용) 2큰술
식초 2큰술
비정제 설탕 2작은술

감자 2개
-> 또는 냉동 감자튀김 200g
타임(또는 로즈마리) 적당량
통마늘 1/2개
사워크림 적당량
밀가루 2큰술
소금, 통후추 적당량
튀김유 적당량

밑준비

∘ 감자를 깨끗하게 잘 씻는다. 싹이 난 부분은 제거한다.
껍질채로 빗 모양으로 8등분해 물에 10분 정도 담가둔다.
-> 겉이 녹색으로 변했다면 껍질을 벗겨 사용한다.
∘ 마늘은 한 쪽씩 떼어낸다. 속껍질은 그냥 둔다.

1. 빈꼬또 소스를 만든다. 냄비에 A를 넣고 중불로 가열한다. 나무 주걱으로 저어주며 타지 않게 졸인다.
-> 너무 졸았다면 레드와인을 조금 넣는다.

2. 키친타월로 감자의 수분을 제거한 다음 밀가루를 얇게 묻히고 여분의 가루는 털어준다.

3. 냄비에 튀김유를 넣고 감자, 타임, 마늘을 넣은 다음 불을 켜고 170℃까지 가열해 3~4분간 튀긴다. 불을 끄고 감자를 건져 트레이에 놓고 5분 정도 식힌다.
-> 건질 때 감자가 물렁해도 괜찮다.

4. 다시 3의 튀김유에 감자를 넣고 불을 켠 다음 190℃까지 가열한다. 3분 정도 튀긴 다음 꺼낸다. 바로 소금을 조금 뿌려 버무린다.

5. 그릇에 담고 1을 뿌려 사워크림을 얹는다. 통후추를 갈아주고 굵게 간 소금을 뿌린다.

memo

• 감자튀김에는 2종류의 소금을 사용합니다. 우선 막 튀긴 감자튀김에 가는 소금을 뿌려 잘 섞어줍니다. 그릇에 담은 후, 입자가 굵은 말돈 씨솔트를 손가락으로 으깨 뿌립니다. 이렇게 하면 막 튀긴 감자와 소금의 크리스피한 식감과 깊은 맛을 함께 즐길 수 있습니다.

• 함께 튀긴 마늘도 맛있게 먹을 수 있습니다.

소고기와 와인이 잘 어울리듯이 빈
꼬또 소스도 고기를 더욱 맛있게 해
줍니다.

빈꼬또 소스를 곁들인 비프 스테이크

재료(2인분)

스테이크용 소고기(우둔살, 안심 등) 300~400g

-> 3cm 이상 두께로 썬 것

빈꼬또(p.102 참조, 또는 시판용)50ml

버터 10g

마늘(편 썬 것) 1쪽

마르살라 와인(또는 화이트와인) 3큰술

레드와인 비니거 2큰술

소금, 통후추, 각 적당량

밑준비

◦ 소고기는 조리하기 30분 전에 냉장실에서 꺼내둔다.

1. 소고기에 소금과 후추를 조금 뿌리고 손으로 문질러준다.

2. 프라이팬에 기름(분량 외)을 두르고 강불로 가열한 뒤 1을 올린다. 그릇에 담았을 때 위로 올라오는 부분부터 굽고 측면, 뒷면 순으로 30초씩 노릇노릇하게 잘 구워준다. 약불로 앞면 1분, 뒷면 1분~1분 30초(고기 두께에 따라 조절) 정도 마저 구운 후 꺼낸다.

3. 2의 프라이팬을 중불로 가열한 뒤 버터, 마늘을 넣고 향이 날 때까지 타지 않도록 굽는다. 빈꼬또, 마르살라 와인, 레드와인 비니거를 넣고 살짝 졸인 후 소금을 뿌린다. 통후추를 갈아준다.

4. 2를 먹기 좋은 크기로 잘라 그릇에 담고, 3의 소스를 뿌려 먹는다.

memo

• 고기를 맛있게 구우려면 불 조절이 중요합니다. 강불로 표면을 구워 단단하게 만든 후 약불로 마저 굽습니다. 소스는 중불로 만듭니다.

• 적당량의 좋아하는 채소(양파, 방울양배추, 감자 등)를 먹기 좋은 크기로 잘라, 필요에 따라서는 살짝 데친 후 올리브오일을 뿌려 섞어준 후 오븐에서 30분 정도 구워 곁들이면 좋습니다.

빈꼬또로 일식풍 조림을 만들어도 맛있습니다. 이번에는 소고기를 써 봤는데요. 같은 양의 돼지고기나 닭 간, 꽁치, 이리 등으로도 만들 수 있습니다.(특히 이리는 좋은 술안주가 됩니다!) 빈꼬또는 자연스러운 감칠맛과 단맛을 갖고 있기 때문에 설탕은 사용하지 않습니다.

빈꼬또 소고기 조림

재료(2인분)
얇게 저민 소고기(목심 등) 200g
빈꼬또(p.102 참조, 또는 시판용) 50ml
사케 50ml
맛술 3큰술
간장 2큰술
소금 1작은술
매운 홍고추(씨를 뺀 것) 1개
생강(얇게 편 썬 것) 10g

1. 소고기를 먹기 좋은 크기로 자른다.

2. 냄비에 소고기를 뺀 나머지 재료를 넣고 중불로 끓인다. 펄펄 끓으면 소고기를 넣고 약불로 3분 정도 조린다.

3. 불을 끄고 그대로 15분 정도 두어 맛이 잘 들게 한다.

memo
• 식은 후 먹는 게 더 맛있습니다. 또 동일한 레시피로 만들 때 생선이나 이리는 소금 분량을 한 꼬집 정도로 조절하고, 뚜껑을 덮어 10분 정도 조립니다.

arrange

소고기 대신 이리로 만든 이리 빈꼬또 조림(2인분)

대구 이리 200g을 흐르는 물에 씻는다. 요리 가위로 검은 힘줄을 제거한 후 한입 크기로 자른다. 80℃의 뜨거운 물에 이리를 살짝 데친 후 얼음물에 담갔다가 체에 받쳐 물기를 뺀다. 냄비에 소고기를 뺀 나머지 재료를 넣고(단, 소금은 소고기 조림보다 한 꼬집 적게) 중불에서 끓인다. 펄펄 끓으면 이리를 넣고 약불에서 뚜껑을 덮은 후 10분 정도 조린다. 뚜껑을 열고 냄비를 흔들어 3~4분 정도 조린 후 불을 끈다. 그대로 30분 정도 두고 맛이 잘 배이게 한다.

6

배

서양배 소스를 곁들인
로스트포크

재료(2인분)

서양배 1개
돼지고기(구이용) 2장
소금, 통후추 적당량
밀가루 적당량
버터 20g
마르살라 와인 50ml
발사믹 50ml

밑준비

○ 돼지고기는 실온에 둔다.

1. 배는 껍질을 벗겨 반을 자른 후 씨와 심을 제거하고 2cm 크기로 깍둑썬다.

2. 돼지고기에 살짝 소금을 뿌리고 통후추를 갈아준다. 밀가루를 묻히고 여분의 밀가루는 털어준다. 프라이팬에 준비한 버터의 반을 넣고 중불로 돼지고기를 굽는다. 앞뒷면이 노릇노릇 구워지면 꺼낸다.
-> 고기 안쪽까지 다 익지 않아도 괜찮다.

3. 2의 프라이팬에 남은 버터를 넣고 중불로 가열한다. 1의 배와 마르살라 와인, 발사믹을 넣고 1~2분간 조린다. 2의 돼지고기를 넣고 소스와 잘 섞이도록 조려준다. 소금을 뿌리고 통후추를 갈아 간을 맞춘다.

서양배 레시피 중에서도 제가 특히 좋아하는 한 접시입니다. 고기와 서양배가 절묘하게 조화를 이루는 참기 힘든 맛이에요. 가을이 기다려지는 이유 중 하나입니다.

인볼티니는 이탈리아어로 '싸다'라는 의미입니다. 생햄으로 싼 서양배의 산뜻한 맛도 포인트지만 간 콩피도 맛의 밸런스가 좋습니다. 덕분에 소스가 필요하지 않아요. 같이 싸서 드셔보세요.

서양배와 간 콩피의 인볼티니

재료(2인분)

서양배 1/4개
생햄 2~3매
닭다리살 큰 것 1개
타임 1장
올리브오일 1작은술
소금, 통후추 적당량

◎ 간 콩피
닭 간 100g(정량)
우유 적당량
마늘(다진 것) 1쪽
안초비(필레) 1토막
타임 2줄기
매운 홍고추 1개
올리브오일 적당량
소금 2작은술

밑준비

◦ 간은 심장이나 지방 같은 흰 부분, 핏덩어리가 있으면
제거한 후 볼에 담는다. 우유를 잘박하게 붓고 소금을
넣는다. 30분 정도 담가뒀다가 흐르는 물에 씻은 후
키친타월로 물기를 닦아준다.
 -> 우유에 소금을 넣는 것은 간 특유의 냄새를 제거하고
맛을 내기 위해서입니다.
◦ 배는 껍질을 벗겨 씨와 심을 제거하고 1cm 정도 두께로
길게 자른다. 막대 모양으로 썬 것을 생햄 장수에 맞춰
2~3토막 준비한다.

1. 간 콩피를 만든다. 작은 냄비에 준비한 간을 넣는
다. 마늘, 안초비, 타임, 매운 홍고추를 넣고 올리브오
일을 잘박하게 부은 뒤 중불로 가열한다. 향이 나기 시
작하면 약불로 줄이고 20~25분 조린 다음 불을 끈다.
그대로 둔 채 열을 식히고 배와 같은 모양으로 썬다.

2. 생햄으로 배를 1토막씩 김밥 말듯 돌돌 싸준다.

3. 닭고기는 노란 지방이나 힘줄을 제거하고 포크로
껍질 쪽을 여러 번 찔러 구멍을 내준다. 두꺼운 살은
칼로 잘라 가능한 평평하게 모양을 잡고 소금을 뿌리
고 통후추를 갈아준다.

4. 닭고기 중앙보다는 살짝 밑에 2를 옆으로 길게
놓고 1을 그 밑에 평행하게 놓는다. 앞에서부터 김밥
을 마는 요령으로 말아준 다음 실로 묶는다.

5. 프라이팬에 올리브오일을 두르고 타임을 넣어 향
을 낸 다음 건져낸다. 4의 이음새 부분을 밑으로 가게
팬에 넣고 중불로 굽는다. 불을 약하게 줄인 후 노릇
하게 구워지면 돌려가며 굽는다. 15~20분 정도 더 돌
려가며 굽는다.

6. 다 구워지면 알루미늄 호일에 싸서 15분 정도 둔
다. 실을 제거하고 1.5cm 두께로 김밥 썰듯 썰어 그릇
에 담는다.

memo

• 제거한 심장은 쿠민, 소금, 올리브오일을 적당량 뿌려 오
븐 토스터에 구우면 맛있는 술안주가 됩니다.

• 소스 상태가 될 때까지 장기간 발효시킨 안초비를 추천
합니다. 맛이 깊어 파스타나 리조토, 또는 수프의 맛을
내는 데도 좋기 때문에 유용합니다. 아래는 '세그로 쿠사
레' 안초비입니다(사진 a).

a

서양배는 구우면 단맛과 감칠맛이
더욱 살아납니다. 부드러운 모짜렐
라 치즈, 세이지버터와 함께 즐겨보
세요.

서양배 세이지버터 소테와 모짜렐라 샐러드

재료(2인분)

서양배 1/2개
모짜렐라 치즈 1/2개
무염 버터 1큰술
세이지 적당량
소금, 통후추 조금

1. 배는 껍질을 벗기고 씨와 심을 제거한 후 모짜렐
라 치즈와 똑같이 1cm 두께로 썬다.

2. 프라이팬을 중불로 달군 후 버터를 넣고 버터가
녹으면 세이지를 넣어 향이 날 때까지 볶는다. 1의 배
를 넣고 프라이팬을 흔들어 버터와 잘 섞어준다. 노릇
해질 때까지 볶는다.

3. 불을 끄고 그릇에 치즈와 배를 교대로 담고 세이
지로 장식한다. 프라이팬에 남은 버터를 위에 뿌려주
고 소금을 뿌린 다음 통후추를 갈아 마무리한다.

-> 불을 끄고 배가 뜨거울 때 치즈와 담는 게 포인트. 모짜
렐라 치즈가 살짝 녹으면 먹는다.

무가 들어간 춘권을 자주 만드는 편
인데, 배의 계절에는 배를 조금 넣어
주는 것만으로도 훨씬 훌륭한 맛을
낼 수 있어요. 생햄은 조미료 역할을
하죠. 간은 최대한 싱겁게 해도 좋습
니다. 특히 막 튀겼을 때 먹는 게 맛
있어요.

배와 무로 만든 춘권

재료(2인분)

배(껍질 벗기고 씨와 심을 제거한 것) $^1/_2$개
무(껍질 벗긴 것) $^1/_4$개
생햄(잘게 썬 것) 1장
소금, 통후추 조금
참기름 $^1/_2$ 작은술
춘권피 4장
밀가루 1큰술
-> 물 1$^1/_2$큰술과 섞어 밀가루 풀을 만든다
튀김유 적당량

memo

• 배와 무는 수분이 많기 때문에 빠르게 말아야 합니다.
  수분은 춘권피가 터지는 원인이 되므로 춘권피가 수분
  을 흡수하기 전에 튀겨줍니다. 배와 무에서 수분이 나오
  면 키친타월로 물기를 제거한 뒤 말아줍니다.

1. 배는 무와 함께 3~4cm 길이로 채 썰어 볼에 담는
다.

2. 생햄을 1에 넣고 소금, 통후추 간 것, 참기름을 넣
고 섞어준다.
-> 소금은 아주 조금만 넣는다. 또 너무 많이 섞어주면 배
에서 수분이 많이 나오므로 주의한다.

3. 춘권피 중앙에서 살짝 밑에 2의 $^1/_4$ 분량을 놓고
피 좌우를 접어 말아준다. 이음새에는 밀가루 풀을 발
라 마무리한다. 이렇게 4개를 만든다.

4. 170℃의 튀김유에서 엷은 갈색이 될 때까지 튀긴
다.

서양배 생강 처트니와 처트니 샌드위치

재료(만들기 쉬운 분량)

◎ 서양배 생강 처트니
서양배 2개
양파(얇게 썬 것) 1/2개
생강 20g
수제 반건조 건포도(p.96 참조, 있을 경우) 적당량
비정제 설탕(또는 흑당 시럽이나 흑꿀) 5큰술
사과식초 4큰술

A	넛맥 조금
	시나몬 스틱 1개
	팔각 1개
	사프란 조금
	클로브 파우더 조금

서양배 1/2개
식빵(샌드위치용) 4장
세이지(있을 경우) 적당량

밑준비

◦ 생강은 잘 씻어 껍질채 냉동실에 넣고 얼린다.

서양배로 만드는 처트니 레시피입니다. 처트니는 잼처럼 사용하거나 고기의 밑간, 혹은 소스에 넣기도 합니다. 물론 카레에 넣어도 좋아요. 만능 처트니와 서양배를 사용한 샌드위치를 만들어 봅시다. 싱싱한 배와 익힌 배의 두 가지 맛을 함께 즐길 수 있어요.

1. 서양배 생강 처트니를 만든다. 배 2개는 껍질을 벗기고 4등분해서 심을 제거하고 1.5cm 두께로 썬다. 생강은 냉동 상태로 간다. 반건조 건포도가 있으면 잘게 다진다.

2. 프라이팬에 양파, 설탕, 사과식초, A를 넣고 중불에서 타지 않도록 저어주며 분량이 반이 될 때까지 졸인다. 1을 넣고 약불에서 물기가 없어질 때까지 저어주며 조린다.

3. 잼 상태가 되면 불을 끄고, 열탕 소독한 용기에 담아 냉장실에 보관한다.
-> 1주일 안에 먹도록 한다.

4. 샌드위치를 만든다. 배 1/2개를 껍질을 벗기고 심을 제거한 후 채칼 등으로 얇게 썬다.

5. 식빵 2장에 3의 처트니를 적당량 바르고 4를 균일하게 올린 다음 나머지 식빵으로 덮는다. 먹기 좋은 크기로 잘라 그릇에 담고 세이지가 있으면 올려 장식한다.

memo

• 생강을 얼려서 갈게 되면 섬유질이 끊겨 식감이 좋아집니다.

• 비정제 설탕 대신 흑당 시럽이나 흑꿀을 쓰면 깊은 맛이 납니다. 고기나 생선으로 조림을 만들 때나, 식초가 들어가는 요리에 쓰면 잘 어울립니다. 아래는 '고쿠토혼포 가키노하나'의 '흑당 시럽(단맛)(a 왼쪽)'과 흙꿀 브랜드인 '나카소네코쿠토우'의 '류큐혼바 사토우키비노미쓰(a 오른쪽)'입니다.

a

서양배는 양파와 함께 구우면 더욱
맛있습니다.

서양배 양파 파이

재료(20 X 20cm 파이 시트 1장)

서양배 1개
양파 1/2개(가로로 반 자른 것)
체다 치즈(또는 피자 치즈) 적당량
블루치즈 적당량
-> 체다 치즈 1/4 정도의 분량
소금, 후추 조금
냉동 파이 시트 1장
타임(있을 경우) 적당량

밑준비

∘ 오븐은 200℃로 예열한다.
∘ 체다 치즈는 갈고 블루치즈는 포크로 으깬다.

1. 배는 깨끗이 씻어 씨와 심을 제거하고 껍질채 반
달 모양으로 얇게 썬다. 양파는 얇게 원형으로 썬다.

2. 오븐 시트를 깐 트레이에 냉동 파이 시트를 올리
고 소금, 후추를 뿌린다.
-> 후추는 통후추를 갈아서 써도 좋다.

3. 예열한 오븐에서 표면이 노릇노릇해질 때까지
10분 정도 굽고 180℃로 온도를 낮춰 10~15분 더 굽
는다. 상태를 보면서 타지 않도록 중간에 알루미늄 호
일을 덮어준다.

서양배를 그대로 사용한 크렘브륄레입니다. 파삭한 캐러멜 토핑을 스푼으로 깨서 짠맛이 나는 커스터드와 싱싱한 과일을 한 번에 떠서 드세요.

서양배 고르곤졸라 크렘브륄레

재료(2인분)

서양배 1개
고르곤졸라 치즈(으깬 것) 20g
계란 노른자 2개
비정제 설탕 2큰술
밀가루 2작은술

A | 우유, 생크림 각 50ml
  | 넛맥 조금

그래뉴당(마무리용) 2큰술
타임(있을 경우) 적당량

memo

- 서양배를 세로로 반 잘랐을 때 밑부분 수평이 잘 안 맞을 경우에는 울퉁불퉁한 부분을 살짝 잘라 평평하게 만들어 놓습니다.

1. 배는 세로로 반을 잘라 씨와 심을 크게 잘라낸다.

2. 볼에 계란 노른자, 설탕을 넣고 거품기로 섞는다. 밀가루를 넣어가며 섞어준다. A를 넣고 뭉침이 없도록 잘 섞어준다.

3. 2를 냄비에 부은 후, 고르곤졸라 치즈를 넣고 중불로 가열한다. 거품기로 저어준다. 크림 상태가 되면 불을 끄고 식힌다.
-> 잘 저어주는 것이 부드럽게 만드는 비법이다.

4. 씨를 제거한 부분에 3을 넣고 그래뉴당을 뿌린 다음 토치로 노릇하게 굽는다. 그릇에 담고 타임이 있으면 올려준다.
-> 토치가 없을 경우에는 스푼의 아랫부분을 불에 달궈 대주는 것으로도 충분하다.

물을 한 방울도 사용하지 않고 보글보글 조린 서양배는 꼭지까지 선명한 버건디 색입니다. 무엇보다 진한 맛을 느낄 수 있습니다.

서양배 스파이스 레드 콩포트

재료(만들기 쉬운 분량)

서양배(껍질 벗긴 것) 3~4개

A | 레드와인 500ml
　 | 비정제 설탕 70g
　 | 레몬(원형 슬라이스) $^1/_2$개 분량
　 | 시나몬 스틱 1개
　 | 클로브 5개
　 | 바닐라 빈 1개
　 | -> 세로로 칼집을 넣어 벌린 것
　 | 팔각 1개

◎ 곁들임
생크림 100ml
럼 2작은술
비정제 설탕 1큰술
통후추 적당량

1. 냄비에 **A**를 넣고 불을 켠다. 끓어오르면 약불로 줄인다. 서양배를 옆으로 가지런히 넣고 키친타월을 (부직포 타입) 뚜껑처럼 덮고 35~40분간 조린다. 중간에 배를 뒤집는다.

2. 배를 보존 용기에 담고 조림 국물은 좀 더 바싹 졸인 후 식힌다. 조림 국물도 함께 담아 냉장실에 하룻밤 두어 숙성시킨다.

3. 생크림에 럼, 설탕을 넣고 거품기로 저어 90% 정도로 휘핑한다.

4. 그릇에 **2**를 담고 **3**을 곁들여 통후추를 갈아준다.

모양 그대로 오븐에서 구운 배. 피넛
버터가 살짝 탄 색깔이 날 때까지 구
우면 됩니다. 서양배의 살살 녹는 맛
에 고소함이 잘 어우러집니다. 심을
제거할 때는 밑부분이 뚫리지 않도
록 주의하세요.

피넛버터를 넣어 구운 배

재료(2인분)

서양배 2개
비정제 설탕 2큰술
피넛버터(무염. 무당) 2큰술
시나몬 스틱 2개
버터 10g

밑준비

◦ 오븐은 200℃로 예열한다.

1. 배는 잘 씻어 심을 제거하는데 이 때 위에서 3/4
정도 되는 깊이까지만 심을 제거한다.

2. 심을 빼낸 구멍에 설탕, 피넛버터 순으로 넣고 시
나몬 스틱을 꽂은 다음 버터로 덮는다(사진 a).

3. 알루미늄 호일을 깐 트레이에 넣고 예열한 오븐
에서 30분 굽는다. 중간에 탈 것 같으면 알루미늄 호
일을 덮어준다.

memo

- 시나몬 스틱이 튀어나와 있으므
로 오븐 상부의 열원에 너무 가
깝게 닿지 않도록 트레이는 오븐
하단에 넣습니다.

a

서양배를 사용한 식감 좋은 가토 인
비저블. 맛의 포인트는 생지에 넣은
블루치즈입니다.

서양배 블루치즈 가토 인비저블

재료(17.5 X 8 X 높이 6cm의 파운드 틀 1개 분량)

서양배 3개
크림치즈 80g
블루치즈(고르곤졸라, 로크포르 등 취향에 맞게) 30g
비정제 설탕 3큰술
계란(푼 것) 1개
생크림 50ml
레몬즙 1큰술
밀가루 4큰술
아몬드 슬라이스 적당량
슈가파우더 적당량

밑준비

◦ 치즈 2종류는 잘 섞어 실온에 둔다.
◦ 오븐은 170℃로 예열한다.

1. 배는 껍질을 벗겨 세로로 반 자르고 심을 제거한 후 채칼 등으로 얇게 썬다.

2. 볼에 치즈 2종류와 설탕을 넣고 나무 주걱 등으로 잘 섞어준다. 계란 푼 것을 1작은술씩 넣으면서 잘 섞어준다.

3. 2에 생크림, 레몬즙을 넣고 거품기로 잘 섞는다. 밀가루를 체로 걸러 넣는다. 1을 넣고 생지를 고르게 섞어준다.
-> 배가 으깨지지 않도록 주의한다.

4. 오븐 시트를 깐 틀에 배가 겹겹이 쌓이도록 3을 넣은 다음 마지막으로 볼에 있는 생지를 위에서 부어준다. 아몬드를 올린 후 예열한 오븐에서 50~60분간 굽는다. 온도를 190℃로 올려 6분을 더 굽는다.

5. 케이크 쿨러에 꺼내 열을 식힌다. 다 식으면 틀에서 빼내 랩으로 싼다. 씻은 틀에 다시 넣고 냉장실에서 3시간 이상 식힌다.
-> 차갑게 식히는 과정에서 속까지 단단해지므로 반드시 식힌다.

6. 먹기 좋은 크기로 잘라 그릇에 담고 슈가파우더를 뿌린다.

사케의 알코올을 날리지 않고 그대
로 만듭니다. 취한 기분이 들게 하는
어른을 위한 젤리는 싱싱한 배로 만
들어 주세요. 식감까지 즐겁습니다.

배와 사케로 만드는 젤리

재료(100ml 푸딩 컵으로 6개 분량)

배 ¹/₂개
사케 100ml
젤라틴 8g
그래뉴당(또는 설탕) 5큰술

1. 배는 껍질을 벗기고 심을 제거한 후 1~1.5cm 크기
로 깍둑썬다. 젤라틴을 미지근한 물에 넣는다.

2. 냄비에 그래뉴당과 물 200ml를 넣고 끓인다. 끓
어오르기 직전에 불을 끄고 사케와 **1**의 젤라틴을 넣
고 잘 섞은 다음 식힌다.

3. 컵에 **1**의 배를 넣고 **2**를 붓는다. 냉장실에 넣어 3
시간 이상 식혀 굳힌다.

4. 포크 등으로 꺼내 그릇에 담는다.

7

감

감과 밤의
자바이오네

재료(2인분)

감 1개
밤 아마레또 조림(p.184 참조, 또는 군밤) 6개
계란 노른자 2개
아마레또 1^1/$_2$큰술
비정제 설탕 20g

밑준비

∘ 오븐은 200℃로 예열한다.

1. 감은 꼭지를 제거하고 껍질을 벗겨 빗 모양으로 8등분한다.

2. 자바이오네를 만든다. 큰 냄비에 물을 끓인다. 펄펄 끓어오르면 약불로 줄인다.

3. 볼에 계란 노른자, 아마레또, 설탕을 넣고 거품기로 잘 섞어준다. **2**의 냄비에 볼을 올리고 거품기로 저으면서 찰기가 생길 때까지 중탕한다. 너무 익지 않도록 볼을 꺼내가며 저어주면서 중탕한다.

4. 내열 접시에 **1**과 밤 아마레또 조림을 담고 **3**을 얹는다. 예열한 오븐에서 5~7분간 노릇한 색이 날 때까지 굽는다.

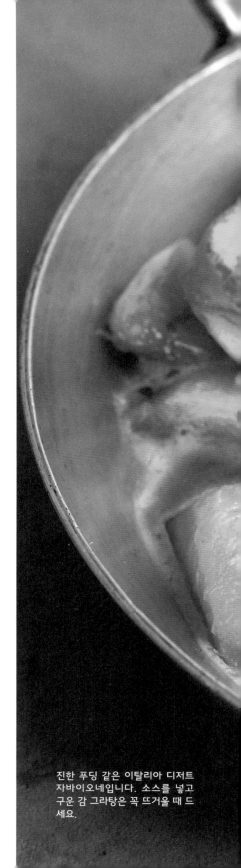

진한 푸딩 같은 이탈리아 디저트 자바이오네입니다. 소스를 넣고 구운 감 그라탕은 꼭 뜨거울 때 드세요.

미몰레뜨 치즈는 반드시 듬뿍 갈아
주세요! 감은 씨가 있는 쪽이 훨씬
단맛이 많습니다. 취향에 따라 고춧
가루를 뿌려도 좋아요.

감과 미몰레뜨 치즈

재료(2인분)

감 1개
미몰레뜨 치즈 적당량
소금, 통후추 적당량
고춧가루(취향에 따라) 조금

1. 감은 꼭지를 제거하고 껍질을 벗겨 빗모양으로
8등분한 후 소금을 뿌린다. 취향에 따라 고춧가루를
뿌려준다.

2. 그릇에 1을 담고 감이 보이지 않을 정도로 미몰
레뜨 치즈를 갈아준다. 통후추를 갈아 뿌린다.

감 요리 중에서 제가 가장 좋아하는
레시피입니다. 생 트러플 대신에 트
러플 오일절임을 쓰면 쉽게 만들 수
있어요.

감과 트러플 부라타

재료(2인분)

감 1개
트러플 슬라이스 2장 정도
-> 또는 트러플 오일절임 ½작은술
트러플 오일 1큰술
소금 조금
부라타 치즈 1개

밑준비

◦ 오븐은 200℃로 예열한다.

1. 감은 꼭지를 제거하고 껍질을 벗겨 빗 모양으로
8등분한 후 소금을 뿌린다. 트러플은 잘게 썬다.

2. 볼에 **1**을 넣고 섞는다. 트러플 오일을 뿌리고 다
시 섞어준 뒤 10분 정도 둔다.

3. 그릇에 담고 부라타 치즈를 곁들인다.

memo

• 트러플이 없으면 풍미가 조금 떨어지지만 소금 대신 트
러플 소금을 넣어 맛있게 만들 수 있습니다.
• 부라타 치즈는 주머니 모양의 모짜렐라 치즈입니다. 칼
로 자르면 안에서 걸쭉한 크림이 흘러나오는 이탈리아
의 프레시 치즈예요. 수입 식료품점이나 인터넷에서 구
입할 수 있습니다.

아삭한 당근에 감의 단맛이 잘 어우러지는 레시피입니다. 당근에 맛이 잘 배이도록 물기를 확실히 빼주세요.

감 당근 라페

재료(2인분)

감 2개
당근 1개
호두 적당량
수제 반건조 건포도(p.96 참조, 있을 경우) 적당량
머스터드 1작은술
꿀 1큰술
화이트와인 비니거 2큰술
올리브오일 1큰술
쿠민(씨앗) 1/2작은술
소금 적당량
통후추 조금

1. 감은 꼭지를 제거하고 껍질을 벗겨 채 썬다. 당근도 껍질을 벗겨 채 썰거나 치즈 그레이터로 갈아준다.

2. 호두는 잘게 다지고 반건조 건포도는 반으로 자른다.

3. 볼에 머스터드, 꿀, 소금을 조금 넣고 화이트와인 비니거를 넣는다. 거품기로 잘 섞어준다. 소금이 녹으면 유화시키듯이 올리브오일을 조금씩 넣어주면서 잘 저어준다. 쿠민을 넣는다.

4. 당근은 손으로 짜 물기를 뺀다. 3을 넣고 뭉치지 않도록 잘 섞어준다. 2를 넣고 가볍게 섞은 뒤 감을 넣고 잘 섞는다. 소금을 조금 뿌리고 통후추를 갈아 넣어 간을 맞춘다.

가을을 느낄 수밖에 없는 조합이죠!
아삭할 정도의 딱딱한 감을 사용해
서 만드는 것이 좋습니다.

감과 순무 꽁치 샐러드

재료(2인분)

감 1개
순무 작은 것 2개
꽁치 2마리
밀가루 적당량
올리브오일 2큰술
소금, 통후추 조금

A | 참기름 1큰술
　　간장 1¹/₂작은술
　　흑초 2작은술
　　소금 한 꼬집
　　통후추(간 것) 적당량

루꼴라 적당량

밑준비

○ 꽁치는 살만 발라 먹기 좋은 크기로 자른다. 소금을
　가볍게 뿌리고 통후추를 갈아준다. 밀가루를 얇게
　바른다.

1. 프라이팬에 올리브오일을 두르고 달군 후, 준비
한 꽁치를 넣고 양면을 잘 굽는다.

2. 감은 꼭지를 제거하고 껍질을 벗겨 빗모양으로
16등분한다. 순무는 잎과 줄기를 따고 껍질을 벗겨 빗
모양으로 8등분한다. 루꼴라 뿌리를 잘라준다.

3. 볼에 **A**를 넣고 섞는다. 감과 순무를 넣고 볼을 흔
들어 섞어준다.

4. 그릇에 **3**과 **1**을 담고 루꼴라로 장식한다.

폭신한 샐러드 속에 국화의 식감과
입에 닿는 감촉을 정말 좋아합니다.
딱딱한 감과 숙성시킨 감을 각각 사
용하면 맛의 이미지가 조금 달라집
니다. 어떤 맛을 좋아하는지 탐색해
보세요.

감 국화 샐러드

재료(2인분)

감 1개
국화(식용, 꽃받침은 제거) 2송이
연두부 1/2개(150g)

A | 메이플 시럽 1 1/2작은술
  | 시로다시 2작은술
  | 피넛버터(무염, 무당) 1큰술
  | 소금 조금

밑준비

◦ 연두부는 깨끗한 면포나 키친타월(부직포 타입)으로 싸서
  물기를 뺀다. 중간에 수차례 면포를 갈아주며 하룻밤
  동안 물기를 잘 빼준다.

1. 감은 꼭지를 제거하고 껍질을 벗겨 빗 모양으로
8등분한다.

2. 국화는 살짝 데쳐 찬물에 헹군 뒤 소쿠리에 받쳐
물기를 뺀다. 손으로 가볍게 짠 후 키친타월 위에 나
란히 놓고 다른 키친타월을 덮어 위에서 눌러가며 물
기를 제거한다.

3. 준비한 두부는 체에 세 번 걸러 볼에 담는다. 여
기에 **A**를 넣고 잘 섞어준다.

4. 1, 2를 넣고 가볍게 섞는다.

memo

• 두부를 체에 세 번 거르면 크리미한 식감이 됩니다.
• 과일로 만드는 샐러드는 미리 만들어두면 안 됩니다. 두
  부를 체에 거른 다음 섞는 과정은 먹기 직전에 해주세요.

감으로 만드는 술안주입니다. 사케, 화이트와인과 곁들이면 좋아요. 쿠민과 소금이 감과 은행에 아주 잘 어울립니다.

소금과 쿠민을 뿌린 감과 은행 구이

재료(만들기 쉬운 분량)

감 1개
은행(껍질 있는 것) 적당량
소금 조금
-> 말돈 씨솔트 등 알갱이 소금을 추천한다
쿠민(씨앗) 1¹/₂작은술

밑준비

∘ 오븐은 250℃로 예열한다.
∘ 은행 껍질은 견과류 망치(없으면 펜치를 활용한다) 등에 세로로 끼워 껍질을 깬다.

1. 감은 꼭지를 따고 껍질을 벗겨 빗 모양으로 8등분한다.

2. 트레이에 오븐 시트를 깔고 1과 준비한 은행을 올린 다음 예열한 오븐에서 15분간 굽는다. 식힌 뒤에 은행 속껍질을 깐다.

3. 그릇에 담고 소금과 쿠민을 뿌린다.

진한 단맛으로 가득한 푸루(腐乳, 발효
두부)로 만든 감 샐러드입니다. 사케
와도 잘 어울려요.

감 푸루 크림 샐러드

재료(2인분)

감 1개
푸루 1작은술
푸루 국물 1작은술
생크림 2큰술
메이플 시럽 2작은술
소금 조금

1. 푸루는 잘 으깨어 푸루 국물, 생크림, 메이플 시럽
과 잘 섞는다.

2. 감은 꼭지를 제거하고 껍질을 벗겨 빗 모양으로
8등분한다. 1에 넣고 섞는다.

3. 소금으로 간한다.

memo
• 푸루는 두부를 누룩과 함께 소금물에서 발효시킨 발효
두부입니다. 수입 식료품점이나 인터넷으로 구입할 수
있습니다.

감도 다양한 향신료와 잘 어울리는
과일 중 하나입니다. 디저트로도 좋
지만 화이트와인의 술안주로 추천하
고픈 한 접시입니다.

감 스파이스 테린

재료(17.5 X 8 X 높이 6cm의 파운드 틀 1개 분량)

감 2개
화이트와인 200ml
물 100ml
설탕 80g
젤라틴 10g
카다멈 파우더 1작은술
시나몬 파우더 조금
클로브 파우더 조금
마스카포네 치즈(취향에 따라) 적당량

1. 감은 꼭지를 제거하고 껍질을 벗겨 한입 크기로 썬다. 젤라틴을 미지근한 물에 푼다.

2. 냄비에 화이트와인과 분량의 물, 설탕을 넣고 중불에서 끓인다. 한소끔 끓인 다음 불을 줄이고 카다멈, 시나몬, 클로브 파우더를 넣고 2~3분 졸여 화이트와인에 스파이스 풍미를 입힌다.

3. 1의 젤라틴을 2에 넣고 섞은 다음 불을 끄고 식힌다.

4. 틀에 랩을 깔고 1의 감을 넣고 3을 체에 걸러 부어준다.

5. 냉장실에서 4시간 이상 식혀 굳힌다.

6. 틀의 가장자리에 칼을 넣어 랩채로 꺼내 알맞은 크기로 잘라 그릇에 담는다. 취향에 따라 마스카포네 치즈를 곁들인다.

memo

• 틀에 넣은 감이 위로 뜨게 되는데 감을 균일하게 넣고 싶다면 틀 밑에 얼음을 담은 트레이를 받쳐 천천히 식히면서 감과 3을 $1/3$ 분량씩 교대로 틀에 담습니다.

곶감도 좋지만 곶감과는 다른 풍미
를 가진 말린 감입니다. 곶감처럼 무
겁지 않고 쫄깃하며 와인에도 잘 어
울립니다. 버터는 무염 발효 버터를
쓰고 소금은 입자가 굵은 것이 좋습
니다.

버터를 올린 감말랭이

재료(만들기 쉬운 분량)

감 1개
무염 버터 적당량
-> 발효 버터를 추천한다
소금 조금
-> 말돈 씨솔트 등 알갱이가 굵은 소금을 추천한다
올스파이스(또는 시나몬 파우더, 취향에 따라) 조금

1. 감은 껍질을 벗겨 세로로 얇게 썬다. 오븐 시트를
깐 트레이 위에 올리고 100℃로 예열한 오븐에서 1시
간 반 동안 건조시킨다. 오븐에 컨벡션 기능이 있으면
활용한다. 촉촉한 반건조 상태가 될 때까지 진행한다.
건조가 덜 됐으면 15분씩 상태를 보면서 오븐에서 더
건조시킨다.

2. 그릇에 담고 감에 버터를 조금씩 올린다. 소금을
손끝으로 으깨 뿌려준다. 취향에 맞춰 올스파이스를
뿌린다.

8
감귤류

오렌지 스파이스 마리네이드

재료(만들기 쉬운 분량)

오렌지 2개
카다멈, 시나몬(모두 파우더) 각 조금
시나몬 스틱(있을 경우) 1개
바닐라 빈 1개
비정제 설탕 1/2작은술
꿀 2큰술
피스타치오(알맹이만 부순 것) 적당량

밑준비

◦ 바닐라 빈은 깍지에서 씨를 뺀다. 깍지를 따로 둔다.

1. 오렌지는 칼로 양끝을 잘라 속껍질까지 벗겨낸 다음 1cm 두께로 원형썰기한다.

2. 1을 볼에 넣고 설탕, 꿀, 카다멈 파우더, 시나몬 파우더와 시나몬 스틱, 바닐라 빈 씨와 깍지를 넣고 섞는다. 랩을 씌워 냉장실에서 20분 이상 마리네이드 한다.

3. 그릇에 담고 먹기 직전에 피스타치오를 뿌린다.

집에 오렌지가 있다면 우선 이걸 만들어봅시다. 카다멈, 시나몬, 바닐라 이 세 가지가 갖춰지지 않으면 맛이 제대로 나지 않아요. 피스타치오도 중요합니다.

상큼한 오렌지 풍미의 마요네즈는 등푸른 생선이나 과일 샐러드 등에 다양하게 활용할 수 있습니다. 마음에 드는 조합을 찾아보세요.

오렌지 풍미의 마요네즈로 버무린
새우 아보카도 감자 샐러드

재료(만들기 쉬운 분량)

◎ 오렌지 풍미의 마요네즈
오렌지 과즙 1큰술
오렌지 오일(p.189 참조. 또는 시판 오렌지 플레이버의 올리브오일,
있을 경우) 3큰술
계란 노른자 1개
머스터드 1작은술
소금 조금
포도씨유(또는 식용유) 150ml
-> 오렌지 오일이 없을 경우는 160ml를 준비한다
식초 1큰술

새우(껍질 있는 것) 150g
아보카도, 감자 각 1개
딜 적당량
호두(잘게 부순 것) 1큰술
소금, 통후추 조금
오렌지 껍질(무농약. 간 것) 1/2개 분량

밑준비

◦ 마요네즈 재료는 전부 실온 상태로 둔다.
◦ 감자는 껍질채 삶은 후 껍질을 깐다.

1. 오렌지 풍미의 마요네즈를 만든다. 볼에 계란 노른자, 머스터드, 소금을 넣고 거품기로 저어준다. 포도씨유를 1작은술 넣고 잘 섞어준다. 여러 번 반복한다. 도중에 유화되기 시작하면 식초를 1/2작은술씩 넣어가며 넣을 때마다 잘 섞는다. 남은 포도씨유를 1큰술씩 넣는다. 이때도 넣을 때마다 잘 섞어준다. 다 섞이면 오렌지 오일, 오렌지 과즙을 1작은술씩 넣으면서 넣을 때마다 잘 섞는다.

2. 새우는 등에서 내장을 제거한 후, 삶아서 껍질을 벗긴다. 등 쪽에 칼집을 넣어 벌린다. 아보카도와 준비한 감자를 한입 크기로 자른다. 딜은 굵은 줄기를 잘라내고 잘게 썬다.

3. 2를 볼에 넣고 1을 3큰술 넣어 잘 섞는다. 소금, 후추로 간한다.
-> 마요네즈가 남으면 냉장실에 보관하고 이틀 안으로 먹는다.

4. 그릇에 담고 호두를 얹는다. 오렌지 껍질 간 것을 뿌려준다.

memo

• 마요네즈를 만들 때는 오일 등의 재료를 조금씩 넣어가며 넣을 때마다 잘 섞어주는 것을 반복합니다.
• 오렌지 껍질은 마지막에 뿌리지 않고 만드는 법 1의 마지막 단계에서 넣고 섞어줘도 좋습니다.

톡톡 터지는 오렌지 알갱이 과육이 들어 있는 상큼한 수제 치즈. 화이트 와인과 먹기 위해 만들어 보았는데요. 파스타나 샐러드, 디저트로 먹어도 맛있습니다.

후추를 뿌린 오렌지 치즈

재료(만들기 쉬운 분량)

오렌지 1/2개
우유 500ml
식초 1¹/₂큰술
-> 곡물식초, 사과식초, 쌀식초 등 취향에 따라
통후추 적당량
꿀 적당량

밑준비

∘ 볼에 체를 받치고 20 × 20cm 정도 면포를 2겹으로
  깔아준다.

1. 오렌지는 껍질을 벗기고 과육이 부서지지 않도록
손으로 속껍질을 벗긴 다음 잘게 자른다.

2. 냄비에 물을 가득 담고 강불로 끓인다. 끓어오르
기 직전에 **1**을 넣는다. 약불에서 물 온도를 60~70℃
로 유지하고 나무 주걱으로 바닥을 긁듯이 저어주며
오렌지 과육을 풀어준다. 과육이 익기 전에 건지고 준
비한 체에 걸러 물기를 뺀다.

3. 냄비에 우유를 넣고 데운다. 60℃ 정도가 되면 **2**와
식초를 넣고 가볍게 섞는다. 식을 때까지 그대로 둔다.

4. **3**을 준비한 체에 받쳐 면포 윗부분을 손으로 가
볍게 짜준 후 볼에 체를 받치고 3시간 정도 냉장실에
두어 자연스레 물기를 뺀다.

5. 그릇에 담고 통후추를 갈아주고 꿀을 뿌린다.

memo

• 과육을 뜨거운 물에 넣고 풀어줄 때는 익지 않도록 주의
  하며 재빠르게 풀어줍니다.
• 만든 후에는 금세 풍미가 떨어지기 때문에 만든 당일 내
  로 먹는 것이 좋습니다.

허니 머스터드 소스를 곁들인 오렌지 치즈 샐러드

재료(만들기 쉬운 분량)

오렌지 치즈(p.142 참조) ¹/₂ 분량
베이비채소, 크레송, 샐러드 채소 등 좋아하는 채소 적당량

A	홀그레인 머스터드 1작은술
	꿀 1큰술
	화이트와인 비니거 1큰술
	안초비(필레) ¹/₂토막
	소금, 통후추 적당량

밑준비

○ 안초비는 잘게 다져 놓는다.

1. 허니 머스터드 소스를 만든다. 볼에 **A**를 넣고 잘 섞어준다.

2. 베이비리프 등 채소류는 찬물에 씻어 물기를 빼 다른 볼에 담는다. **1**의 소스를 넣고 무친다. 오렌지 치즈를 손으로 으깨 넣어주고 가볍게 섞어준다.

3. 그릇에 채소와 치즈를 교대로 겹겹이 풍성하게 담는다.

memo

• 채소를 담을 때는 잎을 세워주듯 담으면 예쁘게 담을 수 있습니다.

• 무치고, 섞고 담는 것을 손으로 하면 보다 맛있게 완성 됩니다.

수제 오렌지 치즈를 사용한 샐러드 레시피입니다. 허니 머스터드 소스 와 잘 어울립니다.

베카피코는 꾀꼬리과 작은 새의 이름입니다. 그 새를 닮은 정어리를 사용한 이탈리아 요리예요. 둥글게 만 정어리의 꼬리가 새의 꼬리처럼 보이지 않나요?

오렌지와 흑마늘 베카피코

재료(3~4인분)

오렌지(속껍질을 벗겨 과육만 발라낸 것) 6조각
정어리 6마리

A | 마늘, 흑마늘 각 1쪽
 | 안초비(필레) ½토막
 | 스파이스 풍미의 반건조 무화과 (p.80 참조,
 | 또는 시판 건조 무화과) 15g
 | 로즈마리(잎을 딴 것) 1줄기
 | 아몬드 1큰술

빵가루 ½컵
소금, 통후추 적당량
올리브오일 적당량
좋아하는 허브(장식용, 있을 경우) 적당량

밑준비

◦ 정어리는 머리와 내장을 제거하고 배 쪽을 갈라 뼈와
  지느러미를 제거한다.
◦ A를 각각 잘게 다진다.
◦ 오븐은 180℃로 예열한다.

1. 프라이팬에 올리브오일을 2큰술 두르고 약불에서
A의 마늘, 흑마늘, 안초비를 넣고 향이 날 때까지 볶
는다.

2. A의 남은 재료와 빵가루를 넣고 더 볶은 다음 소
금을 뿌리고 통후추를 갈아준다. 불을 끄고 그대로 식
힌 후 6등분한다.

3. 정어리는 머리 쪽을 만드는 사람의 앞으로 놓고
펼쳐준 다음 2를 손에 가볍게 쥐어 타원형으로 모양
을 잡은 다음 정어리 위에 얹는다. 그 위에 오렌지 과
육 한 개를 올려준다. 그대로 꼬리 쪽으로 말아준다.
이음새 부분을 이쑤시개나 꼬치 등을 꽂아 마무리한
다. 나머지도 똑같은 방식으로 만든다.

4. 올리브오일을 살짝 바른 내열 접시에 3을 담고
올리브오일 적당량을 둘러 예열한 오븐에서 15분 정
도 굽는다.
-> 오렌지 오일(p.189 참조)을 두르고 구워도 맛있다.

5. 좋아하는 허브가 있으면 뿌려준다.

memo

• 정어리를 다듬을 때 제거한 지방과 간은 다져서 안초비
  와 같이 볶아도 맛있습니다.
• 타기 쉽기 때문에 오븐의 상부 쪽에 너무 가깝게 놓지
  않도록 주의하세요.

크넬은 고기, 생선 등을 공 모양이나 원통형으로 만든 완자입니다. 이번에는 간편하게 고등어 통조림을 사용했습니다. 왜냐하면 리조토를 만드는 과정이 있으니까요. 상큼한 향의 오렌지 리조토에 으깬 크넬을 섞어가며 먹습니다.

고등어 크넬을 올린 오렌지 리조토

재료(2인분)

◎ 오렌지 리조토
오렌지(무농약) 1개
카르나롤리 쌀 80g
양파(다진 것) 1/2개
버터 20g
화이트와인 2큰술
물 500ml
파마산 치즈(간 것) 5큰술
생크림 40ml
소금, 통후추 적당량

◎ 고등어 크넬
고등어 통조림 1개(180~200g)
생크림 1큰술
빵가루(살짝 볶은 것) 3큰술
타임(또는 말린 오레가노, 잘게 다진 것) 조금
소금, 통후추 적당량

통후추, 파마산 치즈, 오렌지 오일(p.189 참조, 취향에 따라)
각 적당량
딜(장식용, 있을 경우) 조금

밑준비

◦ 오렌지는 칼로 속껍질을 벗겨낸다. 한 조각씩 떼어내
  2cm 길이로 자른다. 과즙도 따로 담아놓는다.

1. 고등어 크넬을 만든다. 통조림 고등어를 볼에 담고 포크로 으깬다. 통조림 국물 2작은술을 넣는다. 생크림과 빵가루, 타임, 소금을 넣고 통후추를 갈아준다. 스푼으로 점성이 생길 때까지 잘 섞어준다.

2. 오렌지 리조토를 만든다. 프라이팬에 버터를 녹이고 양파를 넣고 중불로 투명해질 때까지 볶는다. 카르나롤리 쌀을 넣고 가볍게 볶아준다.

3. 화이트와인을 넣고 분량의 물을 한 국자씩 넣고 저어주며 쌀에 흡수되도록 한다. 쌀이 익으면 오렌지 과육과 과즙을 넣고 섞어준다. 파마산 치즈, 생크림을 넣고 소금을 뿌린 다음 통후추를 갈아 간을 맞춘다. 재빠르게 섞는다.

4. 3을 그릇에 담고 큰 스푼으로 1을 떠서 모양을 만들어 위에 얹는다. 취향에 따라 통후추를 갈아주거나 파마산 치즈, 오렌지 오일을 두르고 딜이 있으면 곁들인다.
-> 완자를 으깨 리조토에 섞어 먹는다. 오렌지 껍질을 갈아 전체적으로 뿌려주면 더 맛있다.

memo

• 카르나롤리는 이탈리아의 대표적 쌀 품종입니다. 여기에서는 씻지 않고 그냥 씁니다. 수입 식료품점이나 인터넷에서 구입할 수 있어요. 없으면 일반 쌀을 써도 됩니다.

제가 가장 좋아하는 간을 사용한 레시피입니다. 레몬 덕분에 간 특유의 냄새도 나지 않습니다. 금방 만들 수 있다는 점도 좋죠. 타임이 꽤 중요한 역할을 하니까 꼭 사용해보세요. 또 레몬은 메이어 레몬(레몬과 오렌지를 접붙인 것)을 사용해도 맛있습니다.

레몬 닭간 스튜와 가람 마살라 쿠스쿠스

재료(2인분)

◎ 스튜
레몬(무농약) 1개
-> 크기가 큰 것은 $2/3$개
닭간 400g(정량)
양파 1개
버터 10g
밀가루 $1^1/_2$작은술
타임 1~2줄기
화이트와인 조금
생크림 200ml

쿠스쿠스 160g
올리브오일 2큰술
뜨거운 물 170ml
가람 마살라 1작은술
암염, 통후추 각 적당량

밑준비

∘ 간은 옆에 달린 심장이나 흰 부분(지방), 핏덩어리가
  있으면 제거한다. 먹기 좋은 크기로 잘라 볼에 담는다.
  우유(분량 외)를 잘박하게 붓고, 소금 2작은술(분량 외)을
  넣고 30분 동안 재운다. 흐르는 물에 씻고 키친타월로
  물기를 닦는다.
  -> 우유에 소금을 넣는 건 간의 냄새를 제거하고 소금 간을
  하기 위해서다.

1. 스튜를 만든다. 레몬은 원형으로 3~4장 슬라이스
한다. 남은 레몬은 과즙을 짜고 양파는 슬라이스한다.

2. 프라이팬에 버터를 넣고 불을 켠다. 양파를 넣고
밀가루를 뿌려 탄력이 생길 때까지 볶는다.

3. 슬라이스한 레몬과 닭간을 넣고 볶는다. 간 색깔
이 변하기 시작하면 타임, 화이트와인, 1의 레몬즙을
$1^1/_2$큰술 넣고 간이 익으면 생크림을 넣고 2~3분 조
린다.
-> 국물이 너무 졸지 않도록 주의한다. 너무 졸았으면 도
중에 우유를 조금 넣고, 소금, 후추를 각각 조금(모두 분량
외) 뿌려 간한다.

4. 볼에 쿠스쿠스를 넣고 올리브오일을 뿌려 섞는
다. 준비한 뜨거운 물을 붓고 랩을 씌워 5분 정도 뜸
들인다. 랩을 벗기고 가람 마살라, 암염, 통후추로 간
한다.

5. 그릇에 4와 3을 담는다.

memo

• 담백한 맛으로 만들고 싶다면 생크림의 절반을 우유로
  대체하세요.
• 분량 이상의 레몬을 사용하면 산미가 지나치게 두드러
  집니다. 분량을 지켜주세요.

레몬과 난프라를 사용해 태국의 맛
이 날 것 같지만 확실한 이탈리아의
맛이 납니다. 하지만 올리브오일은
한 방울도 쓰지 않습니다.

레몬 난프라 스파게티

재료(2인분)

레몬(무농약) 1개
스파게티니(또는 스파게티) 180g
버터 10g
마늘(다진 것) 1쪽

A | 화이트와인 2큰술
 | 난프라 1¹/₂큰술
 | 생크림 200ml
 | 파마산 치즈(간 것) 4큰술

레몬 오일(p.189, 또는 시판용, 취향에 따라) 적당량
소금, 통후추 각 적당량

1. 스파게티니는 소금을 넣은 물에 삶는다.

2. 레몬의 절반 분량은 원형으로 슬라이스하고 남은
반은 즙을 짠다. 껍질은 갈아놓는다.

3. 프라이팬에 버터, 마늘, 레몬 슬라이스를 넣고 중
불에서 볶는다.

4. 레몬 과육이 흐물흐물해지면 레몬즙과 A를 적힌
순서대로 넣고 잘 저어가며 조린다.
-> 너무 졸였을 경우 화이트와인(분량 외) 또는 1의 삶은 물
을 1큰술씩 상태에 맞게 넣는다.

5. 삶은 1을 넣고 소스와 섞어준다. 간을 보고 소금
을 조금 넣고 불을 끈다.

6. 그릇에 담고 취향에 따라 레몬 오일을 뿌린다. 레
몬 껍질 간 것을 뿌리고 통후추를 갈아준다.

상큼한 맛으로 먹는 레몬과 굴 아히
요는 오일까지 맛있습니다. 빵을 찍
어 드셔보세요. 딜은 많이 넣는 게
맛있습니다.

레몬과 딜을 넣은 굴 아히요

재료(2인분)

레몬(무농약) ¹/₂개
굴 100g
안초비(필레) 1토막
마늘 1쪽
매운 고추 1개
소금 적당량
올리브오일 적당량
딜(잘게 썬 것) 1팩
바게트 적당량

밑준비

◦ 오븐은 200℃로 예열한다.

1. 레몬은 원형으로 슬라이스한다. 굴은 체에 담아 씻고, 소금을 살짝 뿌린 후 키친타월로 물기를 제거한다. 안초비와 마늘은 잘게 다지고 매운 고추는 씨를 빼준다.

2. 작은 냄비에 마늘과 매운 고추, 안초비, 올리브오일 2큰술을 넣고 볶는다. 향이 나기 시작하면 레몬 슬라이스, 굴과 약간의 소금을 넣고 1분 정도 볶다가 불을 끈다.

3. 깊이가 있는 내열 접시에 **2**와 딜을 넣고 올리브오일을 재료가 잠길 정도로 붓고 예열한 오븐에 넣어 10분 정도 조리한다.

4. 뜨거울 때 바게트와 함께 먹는다.

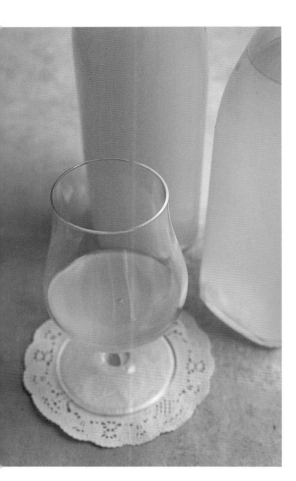

유자첼로와
금목서 리몬첼로

재료(완성 후 약 500ml)

◎ 유자첼로
유자(무농약) 5개
스피리터스 보드카 250ml
미네랄워터 250ml
그래뉴당 150g

1. 유자 껍질을 필러로 벗긴다. 흰 부분이 남으면 얇
게 도려낸다.

2. 1과 보드카를 소독한 병에 담고 냉암소에서 약
일주일간 둔다. 하루에 한 번씩 병을 흔들어준다.

3. 미네랄워터와 그래뉴당을 끓인다. 팔팔 끓어오르
면 불을 끄고 식힌다.

4. 2를 소독한 면포에 걸러 열탕 소독한 병에 담는
다. 완전히 식으면 3을 넣는다.

5. 냉암소에서 2주일 동안 숙성시킨다.
-> 냉장실에서 2~3주간 보관 가능하다.

재료(완성 후 500ml)

◎ 금목서 리몬첼로
레몬(무농약) 5개
금목서 꽃(막 딴 것) 2컵
스피리터스 보드카 250ml
미네랄워터 250ml
그래뉴당 150g

금목서 꽃은 체에 담아 흐르는 물에 잘 씻어 키친타월
에 펼쳐 말린다. 유자첼로 만드는 법 1의 유자를 레몬
으로 대체하고 금목서를 넣어 2~5까지 동일한 방법
으로 만든다.

memo

• 스피리터스(Spirytus) 보드카는 알코올 도수가 96도인 폴
란드 '포르모스 바르샤바'의 '스피리터스'를 사용합니다.
불이 붙지 않도록 주의하세요. 하지만 리몬첼로를 만들
면 알코올 도수가 낮아지기 때문에 보존은 냉장실에서
2~3주 정도만 가능하니 그 안에 드세요.

리몬첼로(limoncello)는 레몬으로 만
든 이탈리아의 술입니다. 레몬 대신
에 유자와 금목서로 만들어 봤습니
다. 유자첼로로, 또는 금목서 향이
그윽한 가을의 리몬첼로로 이렇게
2종류를 만들어 봤습니다. 칵테일이
나 구움과자, 요리에 풍미를 더할 때
쓰면 좋습니다.

유자첼로로 만드는
어른을 위한 그라니타

재료(만들기 쉬운 분량)

A | 유자첼로(왼쪽 페이지 참조, 또는 시판용 리몬첼로) 50ml
  | 화이트와인 50ml
  | 미네랄워터 200ml
  | 그래뉴당 40g

레몬 껍질(간 것) $1/2$개 분량
레몬즙 2큰술
타임(있을 경우) 1줄기

1. A를 냄비에 넣고 끓어오르지 않도록 중불로 데운 후 불을 끈다. 레몬 껍질, 레몬즙을 넣고 잘 저은 다음 식힌다.

2. 얼음틀에 1을 넣고 냉동실에서 4시간 이상 얼린 다.

3. 2를 푸드 프로세서로 간다. 얼음이 갈리면 1~2분 더 분쇄해 공기를 흡수시킨다.

4. 뚜껑 있는 용기에 담고 냉동실에서 30분~1시간 정도 얼린다.

5. 글라스에 담고 타임이 있으면 곁들여 장식한다.

memo

• 얼음을 간 후 푸드 프로세서로 더 갈아주면 공기를 흡수하면서 매끈해지기 때문에 식감이 좋아집니다. 그래도 너무 오래 갈면 녹아버리니까 주의하세요.

• 금목서 리몬첼로로 만들어도 맛있습니다.

술 대신 먹기 좋은 알코올 도수 20도
정도의 어른을 위한 디저트입니다.

상큼한 금귤 초무침. 그대로 먹어도, 취향에 따라 고춧가루를 뿌려 먹어도 맛있습니다.

금귤과 무의
베트남식 초무침

재료(만들기 쉬운 분량)

금귤 2~3개
무 1/2개
-> 큰 것은 1/3개
식초 2큰술
-> 쌀식초, 사과식초, 곡물식초 등 취향에 따라
비정제 설탕 2작은술
느억맘(또는 난프라) 1 1/2작은술
소금 적당량

1. 금귤은 꼭지를 제거하고 반달 모양으로 잘라 씨를 뺀다. 무는 채 썬다.

2. 볼에 1을 넣고 소금을 뿌려 잠시 둔다. 금귤과 무의 수분이 빠지기 시작하면 손으로 잘 섞은 다음 물기를 짠다.

3. 다른 볼에 식초, 설탕, 느억맘을 넣고 잘 저어 설탕을 녹인다. 2를 넣고 잘 섞어 맛이 배이도록 한다.

금귤 초무침이 들어간 반미 샌드위치

재료(길이 약 20cm의 드미 바게트 2개 분량)

금귤과 무의 베트남식 초무침(상기 참조) 적당량
드미 바게트 2개
-> 또는 일반 바게트를 반으로 자른 것
얇게 저민 돼지고기(샤브샤브용) 적당량
난프라 적당량
고수(썬 것) 적당량

1. 프라이팬에 식용유를 조금(분량 외) 두르고 돼지고기를 넣어 볶는다. 고기가 익으면 난프라를 넣고 다시 볶아준다.

2. 바게트는 칼집을 넣어 반으로 가른다. 초무침, 1, 고수를 넣는다. 5분 이상 두어 맛이 배게 한다.

memo

• 초무침은 국물을 버리지 않고 빵에 넣어 먹는 편이 맛있습니다.

• 취향에 따라 넣은 속재료 위에 통후추를 갈아줘도 좋습니다.

금귤 초무침을 넣은 샌드위치. 좋아하는 속재료를 빵에 넣어 드셔보세요.

흑당과 흑초가 들어가 깊은 맛으로 완성된 스도리(닭을 사용한 일본식 탕수육)에 금귤을 넣어 상큼함을 더했습니다. 흑당 대신 흑꿀이나 흑당 시럽 (p.115 사진 a 참조)을 사용해도 맛있습니다.

금귤이 들어간 흑당흑초 소스 닭튀김

재료(2인분)

금귤 5~6개
닭다리살 1장
대파(흰 부분, 잘게 썬 것) 5~6cm

A	소흥주(또는 사케), 간장 각 1큰술
	후추 조금
	생강(간 것) 5g

B	흑초 2큰술
	흑당, 사케 각 3큰술
	-> 흑당이 없으면 흑꿀 2큰술
	간장 1큰술
	닭 육수 1/3컵

녹말가루 적당량
참기름 조금
튀김유 적당량

1. 금귤은 꼭지를 제거하고 껍질에 꼬치로 여러 곳을 찔러준 후 세로로 4등분한다. 꼬치로 씨를 빼낸다.

2. 닭고기는 기름을 제거하고 힘줄을 잘라낸다. 포크로 여러 번 찔러준 다음 볼에 담는다.

3. A를 섞어주고 2를 넣어 무친 후, 5분 정도 둔다. 조리용 트레이에 녹말가루를 넣고 닭고기를 올려 묻힌다.

4. 프라이팬에 튀김유를 1cm 정도 깊이로 붓고 가열한다. 3을 껍질 쪽에서부터 넣고 3~4분, 뒤집어 1~2분 정도 튀긴다. 먹기 좋은 크기로 잘라 그릇에 담는다.
-> 고기를 뒤집을 때 외에는 건드리지 않는다.

5. 냄비에 B를 넣고 끓인다. 흑당이 녹아 부글부글 끓으면 1과 파를 넣고 1~2분간 조린다. 참기름을 넣고 가볍게 섞은 후 뜨거울 때 4에 얹는다.

맛술로 만든 고소한 금귤칩. 사케와 잘 어울리는 술안주입니다만 맛있는 맛술은 보통의 술처럼 그대로도 마실 수 있기 때문에 금귤칩과 함께 마셔도 좋습니다.

맛술로 만드는 반건조 금귤칩

재료(만들기 쉬운 분량)

금귤 6개

A | 맛술 2큰술
  | 간장 1작은술
  | 소금 한 꼬집

산초 가루(취향에 따라) 적당량

1. 금귤은 원형으로 슬라이스해 꼭지와 씨를 제거한다.

2. 볼에 **A**를 넣고 잘 섞는다. 조리용 브러시로 **1**의 양면에 바른다.

3. 오븐 시트를 깐 트레이에 **2**를 넣고 100℃ 오븐에서 1시간~1시간 반 건조시킨다. 오븐에 컨벡션 기능이 있으면 사용한다.

4. 그릇에 담고 취향에 따라 산초 가루를 뿌린다.

memo

a

- 미린(맛술)은 전통 제조 방식의 제품을 골라주세요. 보통 요리에 쓰이지만 좋은 미린은 술처럼 즐길 수 있을 정도로 깊은 맛이 납니다. 사진은 '오가사와라미린주조'의 '잇시소우덴 오가사와라미린(a 왼쪽)과 '스미야분치로상점'의 '산슈미카와미린(a 오른쪽)입니다.

봄이 왔음을 느낄 수 있는, 정말 짧은 기간에만 만들 수 있는 레시피. 잠깐 동안의 계절은 우리를 기다려주지 않죠. 겨울의 단맛에 초봄의 쓴맛이 포개진 맛을 느껴보세요.

금귤 머위 케이크

재료(17.5 X 8 X 높이 6cm의 파운드 틀 1개 분량)

금귤 15개
비정제 설탕 2큰술 + 60g
코앤트로 2큰술
머위 40g
무염 버터 100g
계란 2개
밀가루 120g
베이킹파우더 3g

밑준비

◦ 금귤은 꼭지를 제거하고 세로로 반 자른다. 꼬치 등으로 씨를 제거한다. 볼에 담고 설탕 2큰술을 넣은 다음 2시간 재운다.
◦ 버터와 계란은 실온 상태로 두고 계란은 풀어준다.
◦ 밀가루와 베이킹파우더는 함께 체로 친다.
◦ 파운드 틀에 오븐 시트를 깐다.
◦ 오븐은 170℃로 예열한다.

1. 냄비에 준비한 금귤을 넣고 코앤트로를 부어 중불에서 10~15분 정도 저으면서 조린다. 금귤에 윤기가 돌면 불을 끄고 식힌다.
-> 씨가 나오면 건져낸다.

2. 머위는 소금을 조금(분량 외) 넣은 물에 1분간 데쳐 찬물에 씻는다. 가볍게 짠 후 키친타월에 싸서 물기를 빼준 후 잘게 썬다.

3. 실리콘 주걱으로 버터를 으깨다가 설탕 60g을 세 번에 걸쳐 넣고 핸드믹서나 거품기로 설탕 알갱이가 녹을 때까지 섞는다. 계란은 1큰술씩 넣고 분리되지 않도록 그 때마다 가볍게 잘 저어준다.

4. 3에, 2와 1을 넣고 가볍게 섞어준다. 준비한 밀가루와 베이킹파우더를 넣고 볼 밑바닥에서부터 뒤집듯이 여러 차례 섞어준다.
-> 가루가 뭉침 없이 풀어질 때까지 젓는다.

5. 준비한 틀에 4를 붓고 균일하게 펴준 다음 도마 등에 가볍게 쳐서 공기를 뺀다. 예열한 오븐에서 40~45분간 굽는다.

9

딸기

딸기와 리치, 장미로 만드는 레드 샐러드

재료(만들기 쉬운 분량)

딸기 6개
루바브 1개(줄기) 분량
리치 6개
석류(있을 경우) $1/2$개
설탕 2작은술
로즈 비니거(p.189 참조) 2큰술
-> 또는 화이트와인 비니거 1큰술 + 로즈 에센스나 로즈 워터 1큰술
참기름(또는 식용유나 미강유) 1큰술
소금, 통후추 적당량
장미(식용, 있을 경우) 적당량

1. 루바브는 3cm 길이로 잘라 세로로 얇게 썰고 볼에 담아 설탕을 뿌려둔다.

2. 딸기는 꼭지를 제거하고 세로로 반 자른다. 리치는 껍질을 벗기고 씨를 빼내 손으로 반으로 찢는다. 석류는 알맹이만 빼낸다.

3. 1에 딸기, 리치를 넣고 섞는다.

4. 다른 볼에 로즈 비니거와 참기름을 넣고 소금을 뿌린 다음 통후추를 갈아준 후 잘 섞는다. 3에 넣고 잘 버무린다.

5. 그릇에 담고 석류나 장미가 있으면 곁들인다.

memo

• 석류 대신에 라즈베리나 블루베리를 사용해도 맛있습니다.

로맨틱한 로즈 비네그레트 소스의 향기로운 샐러드입니다. 새콤달콤한 디저트 같은 맛입니다.

기름이 한껏 오른 고등어에는 달콤한 딸기도 새콤한 딸기도 모두 잘 어울립니다.

딸기와 고등어 초회 샐러드

재료(2인분)

딸기 5~6개
고등어(신선한 것) 1/2마리
소금 2큰술
쌀식초 적당량
적양파(얇게 썬 것) 1/4개
새싹 채소(뿌리 자른 것) 1팩
-> 적양배추의 새싹을 사용한다.

A │ 올리브오일 1큰술
  │ 레몬즙 1큰술

통후추 조금
파슬리(잘게 썬 것) 조금
레몬 껍질(간 것) 조금
암염 적당량

밑준비

◦ 고등어는 앞뒤로 소금을 뿌린 후 껍질을 아래로 가게
  조리용 트레이에 담아 냉장실에 1시간 둔다. 고등어에서
  물이 나오므로 고등어 머리 쪽의 트레이를 높게 기울여
  고등어에 물이 고이지 않도록 한다.
◦ 새싹 채소는 뿌리 쪽을 고무줄로 한데 모아 묶어 뿌리를
  자르고 볼에 담아 씻는다. 고무줄을 빼고 키친타월로
  물기를 닦아준다.

1. 딸기는 꼭지를 제거하고 세로로 4등분한다.

2. 고등어는 흐르는 물에 씻어 키친타월로 물기를
닦아준다. 깨끗한 조리용 트레이에 껍질 쪽이 아래로
가게 해서 담고 쌀식초를 잘박하게 부어준다. 중간에
뒤집어 주고 15분 정도 두어 마무리한다.

3. 2의 고등어 껍질 쪽을 위로 가게 한 다음 머리 쪽
을 잡고 껍질을 벗겨낸다. 1cm 두께로 썬다.

4. 적양파와 새싹 채소를 그릇에 담고 3을 올린 다
음 1을 얹는다.

5. A를 섞어주고 통후추를 갈아 뿌린다. 잘 섞은 뒤
4에 얹고 파슬리, 레몬 껍질, 암염 순으로 갈아 뿌린
다.

판자넬라는 딱딱해진 빵을 사용해 만드는 이탈리아 샐러드입니다. 원래는 토마토로 만들지만 딸기를 사용해 새콤달콤하게 만들어봤어요. 빵에 딸기 소스가 듬뿍 배도록 하는 것이 포인트입니다.

딸기 판자넬라

재료(2인분)

딸기 ¹/₂팩

A | 화이트와인 비니거 2작은술
  | 소금 조금
  | 메이플 시럽 2작은술

바게트(딱딱해진 것) 10cm 정도
식초 2작은술
크림치즈(으깬 것) 10g
통후추 조금
좋아하는 허브(민트 등, 있을 경우) 적당량

1. 딸기는 꼭지를 제거하고 준비한 분량의 절반을 갈아서 볼에 담는다. A를 넣고 섞어준다.

2. 남은 딸기는 세로로 얇게 썬다.

3. 바게트는 식초를 넣은 물에 담갔다가 부드러워지면 손으로 물기를 짜고 키친타월(부직포 타입)로 싸서 물기를 뺀다.

4. 볼에 3을 손으로 찢어 넣고 1을 넣어 섞어준다. 딸기 소스가 잘 배도록 한다. 2를 넣고 섞는다.

5. 그릇에 담고 크림치즈를 올린다. 통후추를 갈아 뿌려주고 허브가 있으면 뿌린다.

memo

• 바게트는 5분 정도만 담가둡니다. 딱딱한 부분이 있으면 그 부분만 한 번 더 담가줍니다. 물기를 잘 짜줘야 소스가 잘 배입니다.

소금에 절인 두부가 마치 크림치즈 같아요. 딸기 시즌에 맛있게 먹을 수 있는 제철 샐러드입니다.

딸기와 쑥갓을 넣은 두부 샐러드

재료(2인분)

딸기 5~6개
쑥갓(찢은 것) 1묶음
연두부 1/2개(약 150g)
국화(식용. 꽃받침을 뗀 것) 1/2송이
소금 적당량
올리브오일 적당량
통후추 조금

밑준비

∘ 소금에 절인 두부를 만든다. 두부에 소금을 뿌리고 키친타월(부직포 타입) 3겹으로 두부를 싼다. 조리용 트레이에 넣고 냉장실에 3~4시간 둔다. 키친타월을 벗겨내고 소금을 처음에 뿌린 양의 절반 정도를 뿌리고 다시 키친타월로 싸서 냉장실에 3~4시간 넣어둔다. 세 번째부터는 소금은 뿌리지 않고 키친타월만 갈아준다. 이렇게 반복하면서 하룻밤에서 하루에 걸쳐 물기를 뺀다.

1. 딸기는 꼭지를 제거하고 세로로 8등분한다. 큰 볼에 쑥갓과 함께 담고 소금에 절인 두부를 손으로 으깨 넣어 볼을 흔들며 섞어준다.

2. 그릇에 담고 올리브오일을 뿌린다. 통후추를 갈아 뿌려주고 국화로 장식한다.

memo

• 소금에 절인 두부에 간이 되어 있어 조미료 역할을 하기 때문에 샐러드에 간은 따로 하지 않습니다.

• 소금에 절인 두부는 다양한 채소 샐러드에 활용하기 좋습니다. 다양하게 활용해 보세요.

토마토를 꿀과 조리면 단맛은 살아
나고 신맛은 사라집니다. 신맛 대신
딸기의 달콤하고 새콤한 맛이 돋보
이게 됩니다.

딸기와 벌꿀, 토마토로 만드는 허니 카프레제

재료(만들기 쉬운 분량)

딸기 6개
방울토마토(끓는 물에 데쳐 껍질을 벗긴 것) 12개
모짜렐라 치즈 1개
비정제 설탕 80g
바질(찢은 것) 적당량
석류(과육만 빼낸 것, 있을 경우) 1/2개
올리브오일 적당량
소금, 통후추 적당량
꿀 적당량

1. 토마토 벌꿀 조림을 만든다. 작은 냄비에 방울토
마토가 잠길 정도의 물을 붓고 설탕, 소금 한 꼬집을
넣고 중불에서 끓인다. 설탕이 녹으면 토마토를 넣고
5분 정도 더 끓인다. 불을 끄고 열을 식힌다. 보존 용
기에 담아 냉장실에서 1시간 이상 식힌다.

2. 딸기는 꼭지를 제거하고 세로로 반 자른다. 그릇
중앙에 모짜렐라 치즈를 담고 치즈 주위에 딸기와 **1**를
담는다. 바질과 석류를 뿌려준다. 올리브오일과 소금
을 뿌리고 통후추를 갈아준 후, 꿀을 뿌린다.

화이트 발사믹으로 마리네이드하면
마일드하고 부드러운 맛이 됩니다.
그대로 먹어도 맛있고 크렘샹티나
프레시치즈와도 잘 어울립니다.

화이트 발사믹과 바닐라로 만든 딸기 피클과 치즈

재료(만들기 쉬운 분량)

딸기 10개
화이트 발사믹 3큰술
바닐라 빈 ¹/₂개
메이플 시럽 2큰술
마스카포네 치즈 적당량

1. 딸기는 꼭지를 제거하고 세로로 반 잘라 볼에 담는다.

2. 바닐라 빈은 깍지에서 씨를 빼내 깍지와 함께 1에 넣는다.

3. 메이플 시럽과 화이트 발사믹을 섞어 2에 넣고 가볍게 섞어준다. 랩으로 싸서 냉장실에 넣고 15분 정도 마리네이드한다.

4. 그릇에 담고 마스카포네 치즈를 곁들인다.

memo

• 화이트 발사믹은 수입 식료품점이나 인터넷으로 구입할 수 있습니다.

판체타 아로톨라타는 이탈리아의 생
베이컨입니다. 스파클링 와인이나
화이트와인과 잘 어울리는 맛있는
딸기 안주입니다.

판체타 아로톨라타를 넣은 딸기 카라멜라이즈

재료(만들기 쉬운 분량)

딸기 10개
아가베 시럽 2큰술
화이트와인 1큰술
비정제 설탕 1작은술
화이트 발사믹(또는 화이트와인 비니거) 1큰술
판체타 아로톨라타(얇게 썬 것) 적당량
통후추 조금

1. 딸기는 꼭지를 제거하고 세로로 반 자른다.

2. 프라이팬에 아가베 시럽, 화이트화인을 넣고 중
불에서 끓인다. 끓어오르면 바로 1을 넣고 섞는다.

3. 딸기가 익어 걸쭉해지면 설탕, 화이트 발사믹을
넣고 프라이팬을 흔들어가며 잘 섞어준다. 수분이 날
아가면 불을 끄고 바로 그릇에 담는다. 판체타 아로톨
라타를 올리고 통후추를 갈아준다.

4. 판체타 아로톨라타가 녹으면 딸기와 잘 섞는다.

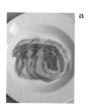
a

memo

• 딸기가 뜨거울 때 판체타 아로톨라타를 올려서 먹습니
다.

• 판체타 아로톨라타는 두껍지 않고 적당한 지방과 감칠
맛을 갖고 있습니다.

뜨거운 딸기가 흘러나오는 산미와
단맛이 잘 살아있는 춘권입니다. 술
과도 잘 어울려요.

발사믹 소스를 뿌린 딸기 춘권

재료(만들기 쉬운 분량)

딸기 10개
춘권피 5장
발사믹 3큰술
꿀 2큰술
밀가루 1큰술
-> 1¹/₂큰술의 물에 녹여 밀가루 풀을 만든다
튀김유 적당량

1. 발사믹 소스를 만든다. 작은 프라이팬에 발사믹
과 꿀을 넣고 중불에서 걸쭉해질 때까지 졸인다.

2. 딸기는 꼭지를 제거하고 세로로 반 자른다. 춘권
피를 펼쳐 딸기 4조각을 나란히 한 줄로 놓은 다음 춘
권피의 좌우를 접어 말아준다. 다 말은 춘권피 가장자
리에 밀가루 풀을 발라 잘 여며준다.

3. 튀김유를 170℃로 가열하고 **2**를 넣어 노릇해질
때까지 튀긴 후 건져낸다. 트레이에 키친타월을 깔고
기름기를 뺀다.

4. 그릇에 담고 **1**의 발사믹 소스를 뿌려 먹는다.

딸기 하늘에 하얀 구름이 두둥실 떠
있는 듯한 디저트 수프입니다. 단맛
이 부족할 때는 마지막에 꿀을 넣어
먹습니다.

외 아라네주 딸기 수프

재료(2~3인분)

딸기 1팩
아가베 시럽 1큰술
계란 흰자 1개 분량
설탕 1큰술
소금 한 꼬집
아몬드 4알
수제 반건조 건포도(p.96 참조, 또는 시판용 건포도) 5~6알
스파이스 풍미의 반건조 무화과(p.80 참조,
또는 시판 건조 무화과) 10g
식초 2큰술
허브(딜이나 처빌, 민트 등, 있을 경우) 적당량

밑준비

∘ 딸기 수프를 만든다. 딸기는 꼭지를 제거해 아가베
  시럽과 함께 블렌더로 간다. 냉장실에서 30분 동안
  차갑게 둔다.

1. 외 아라네주를 만든다. 아몬드와 반건조 건포도,
반건조 무화과는 5mm 너비로 썰어 섞어준다.

2. 계란 흰자는 80% 정도로 휘핑하고 소금과 설탕
을 각각 ½ 분량씩 두 번에 걸쳐 넣는다. 뿔이 생길
때까지 거품을 내서 머랭을 만든다. **1**을 넣고 머랭 거
품이 부서지지 않도록 실리콘 주걱으로 볼 바닥에서
뒤집어주듯이 섞어준다.

3. 큰 냄비에 물을 끓이다가 식초를 넣고 불을 줄여
80℃ 정도로 유지한다.

4. 큰 스푼으로(또는 국자) **2**의 머랭을 둥글게 모양을
잡아 떠서 그대로 스푼 밑바닥부터 **3**의 뜨거운 물에
담근다. 머랭이 떠오르면 그대로 5분 정도 데친다. 살살
뒤집으면서 5분 정도 데친다. 머랭이 부풀어 오르면 가
볍게 손가락으로 눌러본다. 탄력이 느껴지면 불을 끄고
꺼낸다.
-> 덜 데쳐졌을 경우에는 머랭 거품이 꺼지기 때문에 충분
히 잘 데쳐준다.

5. 준비한 딸기 수프를 그릇에 담고 **4**를 넣는다. 허
브가 있으면 곁들인다.

memo

• 외 아라네주는 프랑스의 디저트로 원래 커스터드 소스
  에 머랭을 띄워 먹습니다.

딸기의 풍미가 잘 살아 있는 새콤달콤한 딸기 바닐라 버터. 먹고 나면 버터 향이 부드럽게 풍겨옵니다. 스콘이나 팬케이크 등에 다양하게 활용해 보세요.

딸기 바닐라 버터

재료(150~200ml 보존병 1개 분량)

딸기 3개(50g) + 2개(반건조용)
설탕 2큰술
바닐라 빈 1/2개
무염 버터 100g

밑준비

◦ 반건조 딸기를 만든다. 반건조용 딸기는 꼭지를 제거하고 세로로 3mm 두께로 썬다. 오븐 시트를 깐 트레이에 넣고 100℃로 예열한 오븐에서 1시간 건조시킨다. 오븐에 컨벡션 기능이 있으면 사용한다. 딸기를 꺼내고 잘게 다진 후 요리용 시트를 깐 트레이에 펼쳐 놓는다.
◦ 버터는 실온에 꺼내놓는다.
◦ 바닐라 빈은 씨를 뺀다.

1. 딸기 3개는 꼭지를 제거하고 세로로 반 자른 후 스푼으로 으깬다. 볼에 담고 설탕을 넣어 잘 섞어준다.

2. 다른 볼에 버터와 바닐라 빈 씨를 넣고 가볍게 으깬다. 1을 한 스푼씩 넣고 그 때마다 핸드블렌더로 버터 색이 분홍색이 될 때까지 섞는다.

-> 버터에 딸기를 섞을 때 분리되지 않도록 조금씩 넣으며 섞는다.

3. 준비한 반건조 딸기를 넣고 다시 섞어준다.

4. 열탕 소독한 병에 넣고 보관한다.

memo

• 냉장실에서 3일 정도 보관 가능합니다. 쉽게 먹을 수 있도록 조금씩 만듭니다.
• 반건조 딸기는 식감을 위해 넣는 것이므로 생략해도 괜찮습니다.

딸기 크렘 다 망드

재료(슬라이스하지 않은 9cm 두께의 미니 큐브식빵 1개)

딸기 2개(세로로 얇게 썬 것)

식빵(9cm 두께의 슬라이스하지 않은 것)

딸기 바닐라 버터(p.172 참조, 실온) 60g

-> 또는 무염 버터

아몬드 파우더 70g

밀가루 20g

계란(푼 것) 1개

럼 1작은술

아몬드 슬라이스 적당량

슈가파우더(취향에 따라) 적당량

밑준비

∘ 아몬드 파우더와 밀가루를 섞어 체에 거른다.

∘ 오븐이나 토스터를 190℃로 예열한다.

1. 딸기 바닐라 버터를 핸드블렌더로 섞는다. 부드러워지면 계란 푼 것을 1작은술씩 넣는다. 계란을 넣을 때마다 분리되지 않도록 잘 섞는다.

2. **1**에 준비한 아몬드 파우더와 밀가루를 넣고 섞은 다음 럼을 넣어 다시 섞어준다.

3. 식빵은 반으로 자른 단면이 위를 향하게 놓고 가로세로로 각각 칼집을 2개씩 넣는데 식빵 높이의 반 정도까지만 넣는다.

4. **3**의 윗면에 **2**를 발라주고 딸기와 아몬드를 얹는다. 알루미늄 호일을 씌운 트레이에 넣고, 예열한 오븐 또는 토스터에서 12~15분 굽는다.

-> 크렘 다망드가 흘러내리기 때문에 반드시 트레이에 알루미늄 호일(또는 오븐 시트)를 깐다. 도중에 탈 것 같으면 알루미늄 호일로 덮어준 후 굽는다.

5. 그릇에 담고 취향에 따라 슈가파우더를 뿌린다.

식빵 외에 크루아상, 바게트로 만들어도 맛있습니다. 향긋한 구운 딸기의 풍미를 느껴보세요.

파슬리는 딸기와 궁합이 좋아요. 생
햄과 꿀이 포인트로, 파슬리를 많이
먹을 수 있는 좋은 레시피입니다.

딸기 파슬리 토스트 샌드위치

재료(2인분)

딸기(세로로 반으로 자른 것) 12개
식빵 4장
파슬리 70g
생햄(잘게 다진 것) 2장
크림치즈 20g
꿀 1작은술

A │ 화이트와인 비니거 1작은술
  │ 올리브오일 1작은술
  │ 소금 조금

버터 적당량

1. 크림치즈에 꿀을 넣고 페이스트 상태가 될 때까지 잘 섞는다.

2. 파슬리를 깨끗이 씻어 키친타월에 싸서 물기를 제거한다. 억센 줄기는 골라내고 잘게 썬다.

3. 2를 볼에 담고 생햄을 넣는다. 여기에 **A**를 넣고 손으로 비비듯 섞어준다.

4. 식빵은 토스터기에서 노릇하게 구운 후, 한쪽에만 버터를 바르고 나머지 한쪽에는 **1**을 바른다.

5. 버터를 바른 빵에 **3**의 $^1/_4$ 분량을 바르고 딸기 절반 분량을 놓은 다음 다시 $^1/_4$ 분량의 **3**을 발라준다. 크림치즈를 바른 빵으로 덮고 반으로 자른다. 똑같은 방법으로 하나를 더 만든다.

10

밤

팔각 밤찜

재료(만들기 쉬운 분량)

밤 300g
명반(식용) 10g
소금 적당량
치자 열매(말린 것, 있을 경우) 1개
소흥주(또는 사케) 20ml
시나몬 스틱 1개
팔각 1~2개
펜넬(씨앗) 2큰술

밑준비

∘ 밤은 사오자마자 껍질채로 하룻밤 물에 담가둔다.
∘ 큰 볼에 물을 담고 명반을 녹인다. 밤은 껍질을 벗기고 명반을 녹인 물에 넣고 2시간 정도 둔다. 물로 잘 씻어 체에 받쳐 물기를 뺀다.
  -> 검은 부분이나 벌레 먹은 자국이 있으면 제거한다.

1. 냄비에 밤을 담고 밤이 잠길 정도의 물과 소금 한 꼬집을 넣는다. 치자 열매가 있으면 넣어준 다음 가열한다. 물이 끓으면 불을 줄이고 거품을 걷어낸다. 중불에서 10분 정도 삶는다.
-> 치자 열매를 넣으면 밤색이 예쁘게 완성된다.

2. 밤과 치자 열매를 꺼내고 냄비의 물을 갈아준다. 밤을 다시 냄비에 넣고 소흥주, 시나몬, 팔각, 펜넬, 소금 $1/2$작은술을 넣는다. 도중에 타지 않도록 상태를 보면서 약불로 30~40분 조린다.

중국의 회향두(茴香豆, 누에콩으로 만든 음식)를 누에콩 대신 밤으로 만들어 봤습니다. 밤으로도 맛있게 먹을 수 있어요. 술과도 잘 어울립니다.

바삭바삭 고소해진 밤 껍질이 포인
트입니다. 간식으로도 술안주로도
좋아요.

시나몬 풍미의 밤튀김

재료(만들기 쉬운 분량)

밤 15~20개
소금 적당량
-> 말돈 씨솔트나 알갱이 소금을 추천한다
시나몬 파우더 2작은술
튀김유 적당량

밑준비

◦ 밤은 겉껍질을 벗겨 하룻밤 물에 담가둔다.

1. 밤은 키친타월 등으로 물기를 빼준다.

2. 튀김유의 온도를 150~160℃로 맞춘 후, 1을 넣고
8~9분간 충분히 튀겨준다. 튀겨지는 소리가 잠잠해지
고 속껍질이 바삭하게 튀겨지면 꺼내 기름기를 뺀다.

3. 뜨거울 때 소금과 시나몬 파우더를 뿌린다.

memo

• 속껍질 있는 채로 먹어도, 껍질을 벗겨 먹어도 맛있습니
다. 뜨거울 때 드세요.

저의 가을 단골 메뉴인 크림 파스타입니다. 단밤의 감칠맛과 포르치니의 향이 잘 어울립니다.

단밤과 포르치니 크림 파스타

재료(2인분)

단밤(시판용) 40g
건조 포르치니 15g
벨기에 샬롯 1개
-> 또는 양파 1/2개
스파게티 160g
마늘(으깬 것) 1쪽
화이트와인 2큰술
생크림 100ml
파마산 치즈(간 것) 4큰술
소금, 통후추 적당량
올리브오일 적당량

밑준비

◦ 포르치니는 미지근한 물 3큰술에 담갔다가 뺀다. 담근 물은 따로 둔다.

1. 단밤은 5mm 두께로 자르고 벨기에 샬롯은 잘게 썬다.

2. 스파게티는 소금을 넣은 끓는 물에 삶는다.

3. 프라이팬에 올리브오일, 마늘을 넣고 약불로 가열한다. 향이 나면 벨기에 샬롯을 넣고 투명해질 때까지 중불로 볶는다. 물기를 가볍게 짠 포르치니, 단밤을 넣고 더 볶아준다.

4. 포르치니를 담갔던 물과 화이트와인, 생크림을 넣고 한소끔 끓이다가 파마산 치즈, 스파게티 삶은 물 2큰술을 넣고 다시 끓인다.

5. 물기를 뺀 2를 넣고 섞어준다. 그릇에 담고 통후추를 갈아준다.

커피의 고소함에 밤의 풍미가 더해져 그냥 먹어도 좋고, 바닐라 아이스크림과 함께 먹어도 맛있어요. 럼 외에도 브랜디나 코앵트로, 아마레또 등과도 잘 어울립니다.

바닐라 아이스크림과
밤 커피 조림

재료(만들기 쉬운 분량)

밤 200g
명반(식용) 10g
소금 조금
인스턴트 커피 1큰술
-> 또는 에스프레소 80ml
비정제 설탕 80g
럼 2큰술
바닐라 아이스크림 적당량

밑준비

∘ 밤은 사오자마자 껍질채로 하룻밤 물에 담가둔다.
∘ 큰 볼에 물을 담고 명반을 녹인다. 밤은 껍질을 벗기고 명반을 녹인 물에 넣고 2시간 정도 둔다. 물로 잘 씻어 체에 받쳐 물기를 뺀다.
  -> 검은 부분이나 벌레 먹은 자국이 있으면 제거한다.

1. 냄비에 밤과 밤이 잠길 정도의 물을 담고 소금을 넣은 다음 가열한다. 물이 끓어오르면 중불로 조절하고 거품을 걷어내며 15분 정도 삶은 후 밤을 꺼낸다.

2. 냄비의 물을 버리고 밤이 잠길 정도의 물을 다시 담는다. 인스턴트 커피, 설탕을 넣고 가열한다. 물이 끓어오르면 밤을 넣는다. 키친타월(부직포 타입) 등으로 뚜껑을 만들어 덮고 약불에서 25~35분간 조린다.
-> 타지 않도록 수시로 상태를 살피면서 밤이 쪼개지지 않을 정도로 살살 저어준다. 매번 뚜껑을 다시 덮어주는 걸 잊지 말자.

3. 걸쭉해지면 럼을 넣고 부드럽게 두 번 정도 저어준다. 1~2분 지나면 불을 끈다. 그대로 하룻밤 두고 맛이 배이게 한다. 그릇에 담고 바닐라 아이스크림을 곁들여 먹는다.
-> 밤 조린 국물은 밀폐용기에 담아 냉장실에서 1~2주간 보관이 가능하다.

오렌지 풍미의 밤 티라미수(p.182)

밤 푸딩(p.183)

티라미수를 마음껏 변형해봤어요. 밤 커피 조림과 오렌지 풍미 덕분에 질리지 않습니다. 코앵트로가 맛의 포인트입니다.

오렌지 풍미의 밤 티라미수

재료(만들기 쉬운 분량)

◎ 마스카포네 크림
계란 노른자 3개
코앵트로 3큰술
비정제 설탕 20g
판 젤라틴 1장
마스카포네 치즈 200g
생크림 60ml

밤 커피 조림(p.180 참조) 150g
오렌지필(시판용) 30g
핑거 비스킷(시판, 사진 a) 15개

◎ 커피 시럽
에스프레소 커피 200ml
-> 또는 뜨거운 물 200ml에
인스턴트 커피 1¹/₂큰술을 녹인다
비정제 설탕 60g

코코아파우더(마무리용) 적당량

밑준비

· 판 젤라틴을 얼음물에 담가두어 부드럽게 만든다.
· 커피 시럽을 만든다. 뜨거운 에스프레소에 설탕을 넣어 녹인다. 실온에서 식힌다.
· 밤 커피 조림과 오렌지필을 다진다.

1. 마스카포네 크림을 만든다. 볼에 계란 노른자, 코앵트로를 넣고 거품기로 풀어준 후, 설탕을 넣어 섞는다.

2. 큰 냄비에 물을 끓이다 약불로 줄이고 **1**의 볼을 올려 중탕한다. 거품기로 찰진 거품이 생기도록 재빠르게 저어준다.
-> 도중에 너무 뜨거워지면 중탕하는 볼을 빼가면서 거품을 낸다.

3. 준비한 젤라틴을 넣고 중탕하던 볼을 빼 거품기로 저어가며 열을 식힌다. 다 식으면 마스카포네 치즈를 넣고 부드러워질 때까지 저어준다.

4. 다른 볼에 생크림을 넣고 뿔이 생길 정도로 거품을 내고 **3**에 넣은 후, 실리콘 주걱으로 볼 밑바닥에서 뒤집듯이 잘 섞어준다.

5. 커피 시럽에 핑거 비스킷 양면을 적셔 부서지지 않도록 주의하며 절반 분량을 그릇에 담는다.

6. **5**의 위에 밤 커피 조림, 오렌지필 절반 분량을 균일하게 깔고 **4**의 크림 절반을 균일하게 얹는다. 같은 공정을 반복해 이층 구조로 만든다. 냉장실에서 2시간 이상 식혀 맛이 배이게 한다.

7. 코코아파우더를 체로 걸러 뿌린다.

모두가 좋아하는 영원한 간식의 정석, 푸딩입니다. 가을이 되면 밤의 풍미가 어우러지는 푸딩을 만들어봅니다. 카라멜은 충분히 구워서 탄 맛이 나게 합니다.

밤 푸딩

재료(110ml 푸딩 틀 4개 분량)
밤 커피 조림(p.180 참조, 국물을 뺀 것) 100g
밤 커피 조림 국물 2큰술
우유 250ml
생크림 60ml
계란 2개
비정제 설탕 2큰술

◎ 카라멜 소스
그래뉴당 60g
뜨거운 물 2큰술

밑준비
· 계란은 미리 꺼내 실온 상태로.
· 오븐은 160℃로 예열한다.

memo
· 틀에서 꺼낼 때는 칼이나 스패츌러 등으로 푸딩과 틀 사이를 한 바퀴 돌려줍니다. 푸딩틀 위쪽을 손가락으로 눌러 틀과 푸딩 사이에 간격을 만든 다음 접시 등에 받쳐 밀착시켜 뒤집어주면 깨끗하게 빼낼 수 있습니다.

1. 카라멜 소스를 만든다. 작은 냄비에 그래뉴당을 넣고 중불에서 호박색이 날 때까지 가열한다. 준비한 뜨거운 물을 넣고 섞어준 다음 푸딩틀에 똑같은 양으로 나눠 넣는다.
-> 뜨거운 물을 넣을 때 카라멜이 튈 수 있으니 주의한다.

2. 밤 커피 조림은 잘게 부숴 볼에 담는다. 조림 국물을 넣고 핸드블렌더로 갈아 페이스트 상태가 되면 체에 거른다.

3. 냄비에 우유와 생크림을 넣고 약불에서 체온 정도로 따뜻하게 데운다.

4. 볼에 계란을 깨서 넣고 설탕을 넣는다. 거품이 생기지 않도록 자르듯이 섞어준다. 3을 조금씩 넣으며 저어준다. 원뿔 모양의 체(시누아)에 거르고 2를 넣고 매끈해질 때까지 섞어준다. 1의 틀에 동일한 양을 붓고 알루미늄 호일을 덮는다.

5. 키친타월을 깐 트레이에 4를 넣고 80℃의 뜨거운 물을 트레이 높이의 반 정도 붓는다. 예열한 오븐에서 35~40분 중탕으로 구워준다.

6. 트레이에서 푸딩틀을 꺼내 식힌 후 냉장실에 넣고 차갑게 식힌다.

아마레또를 사용한 밤 조림. 술의 단맛을 이용하기 때문에 설탕을 적게 사용합니다. 아마레또의 아몬드 향이 밤을 한층 더 맛있게 해줍니다. 그냥 먹어도 좋고 다양한 디저트로도 응용이 가능합니다.

밤 아마레또 조림

재료(만들기 쉬운 분량)

밤 500g
명반(식용) 10g
소금 한 꼬집
비정제 설탕 300g
아마레또 100ml
치자 열매(말린 것, 있을 경우) 1개

밑준비

∘ 밤은 사오자마자 껍질채로 하룻밤 물에 담가둔다.
∘ 큰 볼에 물을 담고 명반을 녹인다. 밤은 껍질을 벗기고 명반을 녹인 물에 넣고 2시간 정도 둔다. 물로 잘 씻어 체에 받쳐 물기를 뺀다.
　-> 검은 부분이나 벌레 먹은 자국이 있으면 제거한다.

1. 냄비에 밤을 담고 밤이 잠길 정도의 물을 붓는다. 소금, 치자 열매를 넣고 불을 켠다. 물이 끓어오르면 중불로 줄이고 거품을 걷어내며 15분 정도 삶는다.

2. $1/3$ 분량의 설탕과 아마레또를 넣고 키친타월(부직포 타입) 등으로 뚜껑을 만들어 15분간 조린다. 남은 설탕을 넣고 다시 뚜껑을 덮은 뒤 30~40분 조린다.

3. 치자 열매를 꺼내고 그대로 하룻밤 두어 맛을 배게 한다.

4. 열탕 소독한 병에 밤을 담는다. 조림 국물을 밤이 잠길 정도로 붓는다.

memo

• 밤은 부서지기 쉬우므로 살살 다뤄야 합니다. 밤끼리 겹겹이 쌓이지 않도록 큰 냄비에서 조려주세요.

• 드물지만 발효되는 경우가 있으므로 보관할 경우에는 반드시 열탕 소독한 병에 담고 뚜껑을 꽉 닫아 냉장실에서 보관하세요. 보관 기간은 1~2주입니다.

• 밤은 신선도가 중요합니다. 사서 바로 조리하지 못할 경우에는 하룻밤 물에 담갔다가 종이봉투 등에 넣어 냉장 보관할 것을 추천합니다.

아마레또 풍미의 밤 크레마 카탈레나(p.186)

바닐라 밤 버터(p.186)

밤 파운드케이크(p.187)

아마레또 풍미의
밤 크레마 카탈레나

재료(직경 7cm의 오븐용 내열 도기 4개 분량,
사진은 15 X 10.5cm의 오븐용 접시)

밤 아마레또 조림(p.184 참조, 국물을 뺀 것,
또는 시판용 밤 조림) 100g
아마레또(또는 밤 아마레또 조림 국물) 2큰술
계란 노른자 1개
비정제 설탕 2작은술
생크림 100ml
우유 50ml
밀가루 1¹/₂큰술
그래뉴당 적당량

1. 밤 커스터드를 만든다. 밤 아마레또 조림을 잘게
부순다. 푸드 프로세서에 넣고 아마레또를 더해 페이
스트를 만들고 체에 거른다.

2. 볼에 계란 노른자와 설탕을 넣고 섞는다. 매끈해
지면 1을 넣고 다시 섞어준다.

3. 냄비에 생크림과 우유를 넣고 체온 정도로 따뜻
하게 데운 후 2에 조금씩 넣으며 섞어준다.

4. 3을 다시 냄비에 붓고 약불로 끓인다. 나무 주걱
으로 저어주며 밀가루를 체에 걸러 넣고, 찰기가 있는
커스터드 상태가 될 때까지 젓는다.
-> 타지 않도록 주의한다.

5. 오븐용 내열 용기에 똑같은 분량으로 담고 평평
하게 해준 다음 랩을 씌운다. 식으면 냉장실에 넣고
1시간 정도 차갑게 식힌다.

6. 랩을 벗기고 그래뉴당을 뿌린 다음 요리용 토치
로 그을린다.

memo

• 향기롭고 맛있는 밤 커스터드는 슈크림이나 타르트에도
응용 가능합니다. 꼭 다양하게 활용해보세요.

바닐라 밤 버터

재료(100ml 병 1개 분량)

밤 아마레또 조림(국물을 뺀 것) 50g
아마레또 조림 국물 3큰술
생크림 3큰술
무염 버터 50g
바닐라 빈 ¹/₂개

1. 밤 아마레또 조림과 아마레또 조림 국물을 핸드
블렌더로 갈아 페이스트를 만든다. 곱게 갈지 않아도
된다.

2. 냄비에 1과 생크림, 1~2cm 크기로 썬 무염 버터,
바닐라 빈 씨와 깍지를 넣고 약불에서 저어가며 살짝
끓인다.

3. 소독한 병에 담고 식으면 바닐라 빈 깍지를 꺼낸다.

memo

• 스콘이나 팬케이크를 먹을 때 단팥과 함께 곁들여 디저
트로 즐겨도 좋습니다.

• 냉장실에서 1주일 정도 보관 가능합니다. 신선하게 먹을
수 있도록 적은 양의 레시피를 준비했습니다.

밤 파운드케이크

재료(17.5 X 8 X 높이 6cm의 파운드 틀 1개 분량)

밤 아마레또 조림(p.184 참조, 국물을 뺀 것,
또는 시판용 밤 조림) 300g
아마레또(또는 밤 아마레또 조림 국물) 30ml
무염 버터 100g
비정제 설탕 60g
계란 2개
밀가루 100g
베이킹파우더 3g

◎ 크럼블
아몬드 파우더 30g
밀가루 20g
무염 버터(냉장실에서 바로 꺼낸 차가운 것) 30g

밑준비

- 버터 100g과 계란을 실온에 꺼내둔다.
- 밀가루 100g과 베이킹파우더는 함께 체에 거른다.
- 오븐은 170℃로 예열한다.

버터향이 부드럽게 풍겨옵니다. 월
등하게 맛있는, 마치 밤 테린 같은
파운드케이크입니다.

1. 크럼블을 만든다. 아몬드 파우더와 밀가루를 함께 체에 걸러 볼에 담는다. 버터를 1cm 크기로 잘라 넣고 손으로 으깨가며 잘 섞어준다. 큰 소보로 형태가 되면 위생팩에 넣고 냉동실에서 휴지시킨다.

2. 볼에 실온 상태의 버터 100g을 넣고 실리콘 주걱으로 으깨면서 설탕을 조금씩 첨가한다. 핸드 블렌더나 거품기로 설탕 알갱이가 녹을 때까지 섞어준다.

3. 다른 볼에 계란을 풀고 아마레또를 넣어 섞어준다. 2에 ¹/₂큰술씩 넣으며 그 때마다 공기가 들어가도록 잘 섞어준다.

4. 3에 밤 아마레또 조림을 물기를 빼고 넣는다. 체에 걸러둔 밀가루와 베이킹파우더를 넣고 실리콘 주걱으로 볼 바닥에서 뒤집듯이 잘 섞어준다.
-> 너무 많이 섞지 않도록 주의하며 뭉침 없이 잘 반죽한다.

5. 오븐 시트를 깐 틀에 넣고 평평하게 펴준 다음, 도마 위에 가볍게 내리쳐서 공기를 빼준다. 윗부분에 1을 깔고 예열한 오븐에서 40~45분간 굽는다.

memo

- 크럼블을 만들 때는 손의 체온으로 버터가 녹지 않도록 재빠르게 섞어줍니다. 버터가 녹았다면 일단 냉동실에 두었다가 다시 작업합니다.
- 크럼블은 많이 만들어 냉동 보관해도 좋습니다.

집에서 만드는 오일과 비니거

오일이나 비니거에 천연 재료로 향을 넣어 과일에 뿌려 먹거나 가볍게 마리네이드하는 것만으로도 한층 세련된 한 접시가 됩니다. 오일은 레몬이나 오렌지로, 비니거는 라벤더나 로즈로, 취향에 따라 집에서 만들어 사용해보세요.

오렌지 오일(a) / 레몬 오일(b)

재료(만들기 쉬운 분량)
오렌지(무농약) 1개
또는 레몬(무농약) 2개
올리브오일 250ml

1. 오렌지 또는 레몬은 깨끗이 씻어 물기를 닦아 껍질을 벗긴다(하얀 부분은 전부 제거한다). 벗겨낸 껍질을 30분 정도 건조시킨다.

2. 열탕 소독한 병에 올리브오일과 1을 넣고 냉암소에서 2~3주간 둔다. 그 후에 껍질을 꺼내 상온에서 보관한다. 한 달 정도 사용 가능하다.

라벤더 비니거(c) / 로즈 비니거(d)

재료(만들기 쉬운 분량)
사과식초 300ml
유기농 건조 라벤더 1큰술
또는 유기농 로즈버드 2큰술

1. 열탕 소독한 깨끗한 병에 사과식초와 유기농 건조 라벤더, 또는 유기농 로즈버드를 넣고 냉암소에서 1주일 동안 둔다.

2. 사과식초에 각각의 향이 배이면 체로 건져 상온에서 보관한다. 약 2달 동안 사용 가능하다.

추천 조리 도구와 조미료

제가 과일 요리할 때 빼놓을 수 없는 조리 도구와 좋아하는 조미료를 소개합니다.
계절의 한 접시를 훨씬 세련되게 만들어주는 멋진 도구와 조미료들. 꼭 참고해서 과일을 더 맛있게 드셔보세요.

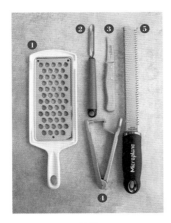

도구

❶ 강판
과일, 특히 복숭아를 갈 때 여러 가지를 시도해봤는데 그 중에서 이 타입의 강판으로 간 것이 가장 맛있었어요. 과육의 식감이 딱 알맞게 살아 있고 과즙이 풍부하게 갈립니다.

❷ 세로형 필러
만능 필러는 서양배나 사과의 심은 물론, 감자 싹도 쉽게 제거할 수 있고 딱딱한 치즈를 갈 때도 편리합니다.

❸ 프티 나이프
'레데커' 브랜드의 감자 전용 칼을 과일용으로 쓰고 있습니다. 매우 작은 반경으로도 잘라낼 수 있어요.

❹ 체리 스토너(씨 빼는 도구)
씨를 하나씩 빼는 것은 너무 힘들죠. 작은 체리의 씨를 빼는 일이 간단해지는 아이템입니다. 체리 외에도 올리브 씨를 뺄 때도 사용할 수 있습니다. 사용 빈도가 많지 않더라도 있으면 매우 편리한 도구에요.

❺ 치즈 그레이터
'마이크로 플레인' 브랜드의 치즈 그레이터를 사용하면 가쓰오부시처럼 아주 가늘게 갈 수 있습니다. 금귤 껍질, 치즈, 초콜릿…… 사용하면 요리의 폭이 넓어집니다.

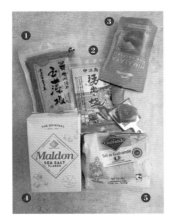

소금

❶ 다마모시오(玉藻塩, 해조류 소금)
짜지 않고 순하면서 감칠맛이 강한 소금. 해산물 튀김 등에 최적입니다.

❷ 와지노시오(湧出の塩 だし塩, 오키나와 천일염)
채소나 마늘, 가쓰오부시와 함께 조려 볶는, 오키나와의 특별한 제조 방식으로 만든 소금. 감칠맛이 강해 리조토 등은 이 소금만으로도 육수 역할을 충분히 해냅니다. 소금이라기보다는 마치 부용 같은 느낌입니다.

❸ 히말라야 핑크 솔트
깊은 맛으로 샐러드 등 마무리에 갈아 쓰는 타입의 암염. 카르파초나 생선회에도 잘 어울립니다.

❹ 말돈 씨솔트
아작아작 식감이 좋은 소금. 생선구이에 뿌리는 소금으로 최적입니다. 스테이크나 프렌치프라이에도 잘 맞아요.

❺ 게랑드 소금(과립)
잘 녹는 과립 타입을 씁니다. 요리에 쓰는 소금은 거의 이것 하나로 OK.

❶ 비정제 설탕

이 책에서는 특별히 따로 표기하지 않는 경우를 제외하면, 설탕은 비정제 설탕을 사용합니다. 미네랄이나 칼슘이 풍부하고 부드러운 단맛과 함께 감칠맛도 있어요. 그밖에 그래뉴당이나 일반 설탕도 사용합니다.

❷ 메이플 시럽

특히 과일 샐러드에는 빼놓을 수 없는 저만의 필수 아이템입니다. 정말 조금만 넣어줘도 맛이 확 달라집니다.

❸ 아가베 시럽

혈당치 상승을 완화시켜주는 저혈당지수(GI) 감미료. 튀는 맛이 아니라서 건강을 생각해야 할 때 설탕 대신 써도 좋습니다.

❹ 벌꿀

이탈리아산 유기 벌꿀 '미엘리지아'의 맛이 과일과 잘 어우러져 좋아합니다. '미엘리지아'에는 이밖에도 아카시아나 오렌지, 고수 등 다양한 종류의 벌꿀이 나옵니다.

설탕과 시럽

❶ 레몬 플레이버 오일

감귤류 플레이버 오일은 샐러드나 해산물, 과일을 사용한 요리에 빠질 수 없습니다. 직접 만들기도 하지만(p.189 참조) 시중에 판매하는 것도 압착 시점부터 가공 과정에서 풍미를 입히기 때문에 보다 레몬 풍미를 잘 느낄 수 있습니다. 오렌지나 베르가못, 라임 풍미 등 종류도 풍부합니다. 사진의 '알베르토 씨의 엑스트라 버진 올리브오일 앤 레몬'에 소금을 넣어 빵에 찍어 먹어도 맛있습니다.

❷ 엑스트라 버진 올리브오일

최근에는 이탈리아의 내추럴 와인 생산자가 만든 내추럴 올리브오일을 사용하고 있습니다. 사진은 시칠리아의 여성양조가 '아리안나 오키핀티'의 제품입니다.

❸ 다이하쿠 참기름(太白胡麻油)

볶지 않은 참깨를 그대로 압력을 가해 짜낸 다이하쿠 참기름은 참기름 특유의 향과 색이 없어서 재료 본연의 맛과 향을 최대한 살려줍니다. 또 유화성도 좋고 다른 재료와 잘 섞이는 게 특징입니다.

❹ 화이트 발사미코

소위 '발사믹'이라고 불리는 것과는 완전히 다릅니다. 가벼운 단맛에 부드러운 산미, 무엇보다 강한 감칠맛이 특징입니다. 그대로 감주처럼 사용하는 것도 가능합니다. 사진의 '주세페 주스티 화이트 발사미코'는 과일과 궁합이 매우 좋습니다. 생선조림이나 조림 요리, 중화요리 마지막에 한 스푼 넣어주는 것만으로도 맛이 한 단계 업그레이드됩니다.

❺ ❻ 화이트와인 비니거 / 레드와인 비니거

모두 남프랑스의 장인 나탈리 에르가가 세운 라 기네르 와인 비니거 '비네구르 드 뮤스카(화이트)', '비네구르 드 바뉴루스 루즈(레드)'. 내추럴 와인으로 만든 완전 천연 양조 방식 비니거입니다. 꽃과 같은 향기를 더해 요리에 조금만 사용해도 맛의 깊이가 확 달라집니다.

오일과 비니거

봄의
딸기 판자넬라,
겨울의
레몬 파스타

2021년 12월 21일 초판 1쇄 발행

지은이	Scales
옮긴이	한정림
편집	순순아빠
디자인	순순아빠
펴낸이	강준선
펴낸곳	든든
제작	제이오
인쇄	민언프린텍
제책	정문바인텍
관리	우진출판물류
등록	2020년 4월 3일 제2020-000021호
주소	(14044) 경기도 안양시 동안구 학의로46, 207동 1804호
전화	(070) 8860-9329
팩스	(02) 2179-9329
전자우편	deundeunbooks@naver.com
블로그	https://blog.naver.com/deundeunbooks
트위터	@deundeunbooks
인스타그램	instagram.com/deundeunbooks
ISBN	979-11-971782-2-1 (13590)